城乡交错带林下植被及土壤肥力研究

陈彩虹　佘济云　田蜜　等编著

中国林业出版社

图书在版编目(CIP)数据

城乡交错带林下植被及土壤肥力研究／陈彩虹等 编著. — 北京：中国林业出版社，2011. 10

ISBN 978-7-5038-6339-4

Ⅰ. ①城… Ⅱ. ①陈… Ⅲ. ①郊区－森林植被－研究－湖南省②郊区－土壤肥力－研究－湖南 Ⅳ. ①S718. 54②S158

中国版本图书馆 CIP 数据核字(2011)第 199941 号

中国林业出版社

责任编辑：李 顺　　　　出版咨询：(010)83223051

出版　中国林业出版社(100009 北京西城区德内大街刘海胡同 7 号)
　　　http：//lycb. forestry. gov. cn　电话：(010)83224477
发行　新华书店北京发行所
印刷　三河祥达印装厂
版次　2011 年 10 月第 1 版
印次　2011 年 10 月第 1 次
开本　787mm×960mm　1/16
印张　10. 75
字数　210 千字

定价　38. 00 元

前　言

随着城市化进程的推进，我国大部分城市已进入中心区与外围区同步发展的建设时期，城乡交错带作为城市—乡村地域体系基础上衍生的一种新型过渡性区域，已成为我国土地利用高度密集，土壤质量演替强度最大的发生区，是多数大城市空间增长的主要地域、城乡发展与建设的集中地带，也是一个发展敏感地区。该区域的产业结构、人口结构和空间结构逐步从城市向农村特征过渡，社会经济活动活跃，人地关系复杂，矛盾比较尖锐，生态环境敏感而脆弱，被喻为研究土地利用、土地覆被变化及其生态环境效应的"天然实验室"。

由于农业污染物质、生活垃圾和工业"三废"的大量输入，城乡交错带土壤肥力下降、环境健康质量恶化、生态系统功能弱化等一系列问题凸现，对我国城乡经济健康发展和人类生存质量稳步提高产生强烈的制约作用。如何实现城乡交错带经济、社会和环境的可持续发展，探究该区域生态环境相关问题则显得尤为重要。因此，对城乡交错带典型人工林林下植被及土壤肥力研究进行相关研究，进一步揭示林下植被的结构与功能及其在维护林地地力和生态功能、促进生态环境保护与林分可持续发展等方面的作用机理、机制，不仅能为林下植被的经营管理技术措施提供可靠的参考依据，而且对城乡交错带森林资源的可持续经营，构建城乡一体现代林业生态系统，促进城乡一体生态环境建设和区域社会经济的可持续发展具有重要的理论和实践意义。

本书是作者在多年研究和教学工作积累的基础上完成的。以长沙市城乡交错带作为研究区域，以杉木（*Cunminghamia lanceolata*）林、樟树（*Cinnamomum camphora*）林、湿地松（*Pinus elliottii*）林和枫香（*Liquidambar formosana*）林4种典型人工林的林下植被与土壤肥力为研究对象，根据生态系统的相关理论，综合生态学、森林生态学、城市生态学、区域生态学、景观生态学、森林经营学、土壤学、环境微生物学的原理和方法，运用生态安全、生态平衡的规律和可持续发展理论，以数理统计方法、数据库技术为手段，依托南方林业生态应用技术国家工程实验室完备的实验设施，全面系统地分析了人工林林下植被的物种多样性、生物量、营养元素含量与养分分布，测定了土壤理化性质、酶活性指标，评价了各类型林分的土壤肥力，在此基础上对林下植被物种多样性与土壤养分、林下植被生物量与土壤主要营养元素的关系进行深入研究，以期为城乡交错带人工林的可持续经营管理，为长沙"四化两型"建设和社会经济的可持续发展提供科学的参考依据。

在本书的撰写中得到了中南林业科技大学诸多专家学者的大力支持与帮助。我的博士生导师田大伦教授给予了全面的指导，南方林业生态应用技术国家工程实验室的博士生导师康文星教授、项文化教授、闫文德教授、方晰教授等给予了热情的帮助，2007 届硕士研究生肖默、2009 届硕士研究生叶道碧、2010 届硕士研究生田蜜撰写了书中部分内容，衷心感谢他们为本书所作的贡献。在本书的编著过程中，作者参阅了许多专家、学者以及同行的著作和成果，也一并致谢！

本书是湖南省重点学科——森林经理学的学科建设成果之一，得到了森林经理学学科建设经费的资助，在此向林学一级学科带头人、博士生导师曾思齐教授和森林经理学学科带头人、博士生导师李际平教授及学科其他专家表示衷心感谢。

同时，本书也是中南林业科技大学土地资源管理国家特色专业质量工程(高等学校本科教学质量与教学改革工程)项目成果之一，它的出版也得到了该项目的支持。

本书涉及的内容较为广泛，我们在实地观测数据的采集、整理，研究资料的收集、积累及信息的接收、转化等方面均感不足，加之我们学识水平有限，书中遗漏、不妥甚至错误之处恐难避免，恳请同行和广大读者批评指正，以便今后改正和完善。

编著者
2011 年 8 月于长沙

目　录

绪　论

随着工业化、城市化水平的不断加快，各种城市生态问题日益凸显，如酸雨、热岛效应、噪声、粉尘等，与居民渴望生活在优美的森林环境之中，呼吸新鲜空气，回归大自然的需求相去甚远。森林是陆地生态系统的主体：一方面，它为人类提供木材、林副产品等生产资料和生活资料，满足人类生存与发展的物质产品和环境服务需求；另一方面，它是自然界功能最完善的基因库、资源库、蓄水库等，具有调节气候、涵养水源、保持水土、防风固沙、改良土壤、减少污染、美化环境、保持生物多样性等多种功能，对改善生态环境、维护生态平衡起着决定性的作用，是实现环境与发展相统一的关键与纽带。自1972年联合国人类与环境会议发出了"只有一个地球"的呼吁后，环境问题日益受到全人类的高度关注。1992年在巴西里约热内卢召开的联合国环境与发展大会上，各国领导人共同签署了"可持续发展战略"、"关于森林问题的原则声明"等多个共同宣言，把人类对森林的认识提高到了一个新的高度，保护森林不仅仅为各国政府和人民的内部事务，也已成为国际环境和发展的主要内容，关系到人类生存、发展和地球的前途。

近年来，城乡交错带由于其特殊的地理位置、自然环境和复杂的社会环境而日益受到众多专家学者的关注和重视，目前已成为城市、土地、经济、地理、生态等诸学科的研究热点。对其概念、特征、范围、结构、功能等方面，国内外诸多学者进行过大量的探讨和研究。城乡交错带森林是城市生态系统的重要组成部分，是遏制和防止城市生态环境问题的第一道生态屏障，对于维持整个城市生态环境的平衡至关重要。其中林下植被在生物多样性、土壤养分和碳贮量等生态功能中发挥重要作用。

长株潭地区是湖南省经济最发达的区域，随着社会经济的发展，城市化进程的加快，环境污染对于生态环境的压力越来越大，城市生态环境安全受到威胁。长沙市城市外围区域比例大，城郊型林业特点显著、类型多样，有森林公园、自然保护区、名胜古迹、湘江风光带等景观。开展城乡交错带森林经营技术体系相关研究，对于解决该区域经济社会与资源环境的尖锐矛盾，促进循环经济发展体制形成，以最大限度地降低由于社会经济发展给生态环境破坏所带来的负面作用，从而更好地促进城市群生态经济的发展，加快该区域现代城市生态建设的步伐，改善长沙市的居住环境，提高该地区可持续发展能力，提升城市群竞争力，加速社会经济的可持续发展，使其成为吸引现代资本流、信息流、物质流、人才流的理想场所，实现生态环境补偿和资源有偿使用，建立循环经济生产模式，为"两型社会"试验区未来的经济发展探索新的动力模式等方面无疑有着巨大的帮助。大力加强城乡一体现代森林生态系统的建设，合理开发应用城市中心区域和城乡交错带森林的可持续经营技术体系，已成为现代社会的发展趋势。所以，较为系统地研究长沙市城乡交错带森林生态系统的结构与功能及其可持续经营技术体系，构建健康、可持续的城乡交错带森林生态系统，对于深入贯彻落实科学发展观，建设和培育稳定高效的森林生态系统，促进城乡生态环境建设、增强城市群活力，实现城市群社会经济的可持续发展，为国民经济和社会发展提供丰富优质的物质产品、生态产品和生态文化产品具有重大意义。从理论上为进一步探讨城乡交错带在城市发展中的地位和作用，从实践上为城乡交错带的生态规划、生态环境改善、土地资源的合理利用、城市绿化布局和群落的调整以及区域经济结构的调整提供科学依据。

本项研究是在中南林业科技大学南方林业生态应用技术国家工程实验室承担的多项课题长期研究的基础上，结合当前国际国内研究热点和城乡交错带森林特别是人工林可持续发展的理论和实践的迫切需要而选定的。作者在长沙市城乡交错带典型区域——湖南林业科学研究院天际岭实验林场，选取有代表性的 4 种典型人工林——杉木（*Cunminghamia lanceolata*）、樟树（*Cinnamomum camphora*）、湿地松（*Pinus elliottii*）和枫香（*Liquidambar formosana*）作为研究对象，分别设置了 3 块共 12 块固定样地，测定了土壤理化性质和酶活性指标，对林下植被的植物科属组成及其生物多样性、地被物的生物量、营养元素含量、养分分布和积累，以及土壤养分的分布与积累进行了调查和分析，评价了各类型土壤肥力，研究了林下植被物种多样性与土壤养分、林下植被生物量与土壤主要营养元素的关系。结果将为揭示长沙市城乡交错带典型人工林可持续经营管理、人工林地力维护及物种多样性的恢复和保护、城乡交错带的森林生态恢复及林木定向施肥等方面提供理论依据，对构建城乡交错带人工林的可持续经营技术体系和经营模式、构建城乡一体现代林业生态系统、促进城乡一体生态环境建设和区域社会经济的可持续发展具有现实指导意义。

1 城乡交错带

1.1 城乡交错带的概念

20 世纪 60 年代以来，发达国家和发展中国家都出现了以城市中心的工业、商业、人口和住宅等组成要素为特征的城市景观不断向城市周边地区扩张，同时农村又不断吸收城市的物质文化和生活方式的过程，这种以城市景观和农村景观的融合为特征的演变，随着社会经济的发展日趋激烈。

城市和乡村之间相互影响、相互作用和相互渗透，极大地改变了城市和农村过渡地带的生态经济特征，即在地域空间上形成了一个性质完全不同于城市和农村的过渡地带——城乡交错带。这是一个在景观和功能上呈现两者特征，但不完全具有双方全部特征的新地域空间。从景观上看，它同时具有城市景观和乡村景观；从功能上看，它的地理位置介于二者之间，联结城乡经济。城市范围扩展的同时，城乡交错带的功能也开始逐渐独立和完善，并演化为土地利用变化最大、问题最多的地域空间。

近年来，城乡交错带由于其特殊的自然和社会环境，受到许多学者的重视，成为城市、土地、经济和地理等学科的研究热点。在其概念及范围上国内外学者进行过大量的探讨。自 19 世纪末，中欧地理学特别是城市地理学从城市生态学与形态发生学的角度提出城市乡村过渡地带——"边缘带"的概念以来，人们纷纷从不同的角度阐述对过渡地带的认识，衍生出一系列的术语，如"郊区"、"城市边缘带"、"城乡结合部"、"城乡交错带"、"乡村－城市边缘带"等，但尚未形成一个普遍认可的概念，归纳起来主要有以下 4 个方面的内容：①位于中心城市连续建成区与外围纯农业腹地之间的一个连续分布的圈带，但在各个方向上的发展强度不同；②城市景观和农村景观并存；③土地利用演变迅速，是城市扩展的首选地带，同时也是土地利用可塑性大的地区，即土地利用结构有较高的可变性；④与农村共同支持城市的持续发展。

综合分析各学者对该地带的认识和相关概念的基础上，我们认为陈佑启教授提出的"城乡交错带"较为科学、合理。采用这个概念既便于与国际上乡村—城市边缘带的概念相吻合和进行国际间对比研究，又克服了"城市边缘带"等外来概念的片面性，而且充分反映了过渡地带内城乡要素相互作用与相互渗透的基本特征。城乡交错带的地域范围，从理论上讲包括城市建成区基本行政单位（街道）以外，深受城市物质与非物质要素影响的广大乡村地区。可以采用"断裂法"，选用多指标对特定的地域范围进行粗略划分。

1.2　城乡交错带范围的界定

由于人口数量、经济形态、供需关系、物质和能量交换水平、生活和社会心理等因素的影响，使得城乡交错带时空变化表现出十分迅速和不稳定的特征。城乡交错带的边界随着城市的发展，城市与乡村之间差别的缩小，社会的进步而变化，其"动态性"与"渐变性"的特征也使空间边界的划分十分困难。主要划分方式有以下 3 种：

1.2.1　城市发展角度

国外的城市化进程开始于 19 世纪，对于城乡交错带的研究可以追溯到 19世纪末城市地理学对于城市形态的研究。最为典型的是杜能（Hohann Heinrich Von Thunen，1826）出版的《孤立国》一书，书中揭示了城市周围地区在距离因素作用下土地所呈现的地域分异规律，是城乡交错带土地利用方面最为经典的理论。德国地理学家 Herbert Louis（1936）从城市形态学的角度对柏林城市结构的研究，将城市划分为老城区、早期郊区、主要住宅区 3 个不同层次。Dickinson（1947）提出"三地带"理论，把城市空间从城市向外依次划分为中央地带、中间地带、外边缘带。我国的城市化进程相对较晚，国内最早关于城乡交错带的划分，是广州市规划局 1988 年根据近期城市建设发展的地段、城市居民和农民混居的地段、处于城市重点控制地区附近的农民居住地段、城市主要出入口公路两旁各 50m 的地段等因素来拟定的划分原则。程连生（1995）应用遥感技术，采用信息熵对北京的城乡交错带的空间边界进行了界定，并制作了直观的空间分布图。章文波（1999）充分利用 TM 影像，提取城市用地信息，以均值突变点为界限划分北京的城乡交错带。王静（2004）以无锡市为例，利用"3S"技术提取城乡结合部的范围和土地利用/土地覆被状况信息，提出了确定无锡市城乡交错带范围边界的半自动提取模型和土地利用类型半自动提取模型。Izuru Saizen（2006）通过利用先进的网格数据与地理信息系统的功能分析了大阪市区 3 个时期土地利用的变化。

1.2.2　人口角度

Pryor（1968）认为交错带是土地利用、社会和人口特征的过渡区域，它位于连片的城市建成区与纯农腹地之间，该区域与中心城的行政边界相邻，有城市服务功能的渗透并受规划管制，其人口密度的增长低于中心城而高于周边农村地区。Russwurm(1970)采用非农人口与农业人口的比例这一指标对城乡交错带进行了界定，指出该比例小于等于0.2的区域为农村，在0.3~1.0之间的为半农区，在1.1~5.0之间的为半城区，而大于5.0则为城市区域。顾朝林(1995)主要利用人口密度这一指标对上海的城乡交错带进行了划分。赵自胜(1996)利用人口比重与蔬菜基本配置半径指标，界定开封的城乡交错带范围。Susan(2006)认为对于城乡交错带的界定，很多地理学家和人口学家都曾经用过了很多人口、地理方面的指标，他在大量分析前人相关定义的过程中，整合现有农村卫生和地理知识纳入流行病学方法来界定城乡交错带。James(2008)认为家庭、社区和学校的位置发挥了关键作用，决定了新住宅的空间定位，而这反过来又确定了城乡边缘带边界和空间范围。

1.2.3 综合分析角度

20世纪90年代，约翰、詹姆斯和约瑟夫对曼谷、雅加达和圣地亚哥的城市边缘区的社区进行比较研究后提出，城市交错带在形态和功能方面的多样性，使得它是一个社会经济多面体，不能仅用社会经济或严格的空间标准来轻易地分类。严重敏、刘君德(1988)认为城乡交错带应以原城市建成区的半径为划分依据，要综合考虑实际从事非农业活动的人口比重、人口密度和建筑密度、一定的城市基础设施、土地利用的特点、与中心城的各方面联系、原有行政小区的完整性等因素。陈佑启(1995)首先提出了城乡交错带的概念，将统计数据与部分实地调查数据相结合，构建五大类20个指标的指标体系，采用"断裂点"法分析了北京市城乡交错带的空间边界。方晓(1999)利用遥感技术与定量分析相结合，确定上海城乡交错带的内边界。郭爱请(2004)在综合分析现状的同时开始考虑远景规划因素，以及未来的发展方向。钱紫华(2006)将断裂点法与信息熵法比较分析，讨论了西安的城乡交错带。刘阳炼(2006)采用阈值法，采用五类10个指标分析株洲的县市间的紧密程度，确定空间范围。林坚(2006)则是采用指标的空间叠加，逆向思维划分城乡交错带内边界。Ross(2008)通过分析美国威斯康星州的欧克莱尔和佩瓦瀑布，认为城乡交错带是一个土地利用类型多样的既不是纯城市也不是纯粹的农村区域，对于分析人口模式，城市变化对土地格局的影响，有助于确定未来如何发展起到重要作用。任荣荣(2008)综合分析前人的研究成果，定性分析与定量分析分开讨论，界定城乡交错带的边界。

综上所述，城乡交错带的划分正逐步由定性分析向定性、定量相结合的综合分析方向发展，但权威的指标体系及范围划分方法尚未形成。

1.3　城乡交错带研究现状

1.3.1　国外研究现状

国外对城乡交错带的研究主要是为了解决城市发展过程中遇到的问题而展开的。早在 1898 年，为改良资本主义城市形式，抑制城市生态恶化，霍华德提出了城市与乡村结合的"田园城市理论"，建议在城市郊区设置永久性绿地，供农业生产使用，他设想的城市和郊区的规划布局思想包含了城乡统筹的理念。1936 年德国地理学家赫伯特·路易斯（Hethert Louis）在研究德国柏林城市地域结构时，从城市形态学角度首次提出并运用了城市边缘区（stadtrandzonen）这一概念后，国外的地理学家、社会学家和规划学者们便逐步投入到这一区域的研究中来。

20 世纪 40~60 年代，国外对于城乡交错带的研究主要涉及到城乡交错带概念、地域结构、自然界限划分及特性的探讨，为后续研究奠定了基础。70 年代到 80 年代初期，国外对城乡交错带的研究主要涉及地域结构特征研究、郊区特性研究、城乡连续统一体研究、城郊农工综合体研究、土地利用研究、城市化阶段与地域空间配置研究等 6 个方面。这一时期，土地利用是其研究的侧重点，理论性的研究成果颇为丰富。20 世纪 80 年代以来，国外对城乡交错带研究的视角不断增多，除土地利用外，对生态环境、空间扩展以及社区群落等方面都有较多的研究，这一时期，城乡交错带的实证研究成为研究的主流。城乡交错带土地利用方面的研究广泛涉及土地市场、土地转变、土地分配、土地利用规范、覆土等范围。Richard P. Greene 对农用地转变为低密度居住地做了分析研究，提出了"边缘城市"的概念；城乡交错带生态研究集中在气候和植被覆盖等领域，这一领域研究的开辟，使城乡交错带的研究与生态学紧密结合起来。在城乡交错带空间扩张方面，由宏观角度转向微观角度，以及关注经济发展不同时期城乡交错带动态演变，成为这一时期空间扩张研究的显著特点。这一时期国外学者对城乡交错带的社区群体也进行了更多的研究，例如，戴维·克拉克（David Clark）对城乡交错带社区结构的形成机制作了研究；美国的人口地理学者 Kenneth Kirkey 和 Ann Forsyth（1996）探讨了分布在城乡交错带的弱势群体的生活方式。

在相关理论方面，经济学、生态学及社会学都与城乡交错带的空间研究有密切关系。与经济学有关的空间理论有增长极理论、核心—边缘理论、"点—轴"渐进扩散理论、圈层结构理论等，这些理论对于分析城乡交错带空间形态及空间结构的演变有重要意义。与生态学有关的空间理论有边缘效应理论、自组织理论等，这些理论对于研究城乡交错带社会及空间结构的自发演化有借鉴意义。与社会学有关的空间理论有社会空间统一体理论、列斐伏尔的城市空间社会学理论等，这些理论指出，城市规划不仅是对物质空间的规划，同时也是政治和权力对空间的规划，这对于研究城乡交错带的社会问题，及空间的物质性与社会性整合有着重要启示。

1.3.2 国内研究现状

国内对城乡交错带的研究起步较晚，始于 20 世纪 80 年代中后期，主要分两个阶段。20 世纪 80 年代末至 90 年代中期，是城乡交错带概念的提出及初步探索阶段。该阶段主要是从城市视角，针对城乡交错带本身的特征、功能以及空间结构等一些理论问题进行研究。顾朝林等在 1987 年将城市边缘区的概念引入到国内，揭开了"城乡二元"转向"城市、城乡交错带和乡村三元"深层次研究的序幕。除了"城乡交错带"概念的界定外，这一阶段对城乡交错带研究较多地集中在空间结构、经济社会特性等方面。顾朝林等（1995）结合我国郊区城市化、乡村城市化和卫星城市建设的实际情况，在研究我国大城市边缘区空间扩展形式和扩展因素的基础上，提出了大城市边缘区地域分异和职能演化规律、由内及外渐进推移规律，以及"指状生长—充填"的空间扩展规律和"轮形团块—分散组团—带形城市"的空间演化规律。这一时期的研究虽处于探索阶段，但为日后深化研究的展开奠定了坚实的基础。

20 世纪 90 年代中期以来，是城乡交错带研究的深入阶段，该阶段是多学科的研究者从城市与区域两个视角，对城乡交错带发展过程一些相对具体的问题进行探讨，基本以应用研究为主。城乡交错带的研究在地域划分、空间演变、土地利用、景观规划与设计、产业、社会管制与社会问题等诸多方面广泛涉及开来，地理学、规划学等较多学科都开始参与城乡交错带的研究。除此之外，随着城市化快速发展和城乡一体化政策的提出，国内部分学者们对城乡交错带与城乡统筹问题也做了一些理论上的探讨。曾万涛提出城乡交错带是城乡统筹、城乡一体化的首选之地，在制度、政策与规划方面做了研究，但这一方面国内做的研究还比较少，且大多是从宏观理论的角度来阐述的，对于具体实施对策的研究较少。

1.3.3 研究展望

1.3.3.1 研究不足

当前国内城乡交错带的研究主要是由城市地理学者、城市规划工作者和城市社会学者进行的，其他学科的投入并不是很充分。城乡交错带研究的成果主要以空间演变、扩展机制、产业结构、土地利用为主，探讨生态、社会和管制方面的研究较少。另外，目前的学科交流不够，如"城乡交错带"这一术语和地域的界定，各个学科至今还未完全统一。交流的欠缺使研究的成果多少具有片面性或不完整性。此外，一些学者在对城乡交错带进行研究的时候，将城市、乡村与城乡交错带对立起来；或者在分析城乡交错带问题的时候，将城乡交错带与城市的发展及其互动关系静止化，以静态论述动态的发展过程。将研究对象静止化，缺乏与城市主体的互动分析，探讨的结果在"交错带"层面上看也许有其合理性，但这些结论在城乡区域这个大范围上则有待斟酌。

从研究视角来看，目前对于城乡交错带的研究多是从城市的视角来研究，将城乡交错带看作是"城市的边缘地带"，带有城市偏向性，忽视了农村因素的参与，带有片面性。城乡交错带作为一个城乡要素混合的复杂地域，理应从城市和乡村两个方面来研究其形成发展的机制，从城乡统筹的视角来研究其和谐发展的对策。现有的研究对象多是大城市周边的城乡交错带地区，对于小城市及以下的城市类型缺乏研究，具有研究类型的局限性。由于我国地域辽阔，城市数量众多，同地域类型、不同发展条件的城乡交错带空间演化过程、演化机理也会有所差异，不同类型的城乡交错带地区面临的问题也必然有所不同，因此，无论是理论研究还是应用分析，应关注各种不同类型的城乡交错带。

1.3.3.2 研究展望

从以上不难看出，研究中国的城乡交错带，首先必须依据我国国情，同时结合国外城乡交错带研究的最新动态和手段，才能探索出适合于我国城乡交错带的研究方法，找出问题的解决办法。解决我国城乡交错带问题，需要在认识空间规律的基础上，从发展阶段、体制、政策、管理、人口、资源、环境、生态等多角度把握城乡交错带问题的症结，寻找解决问题的出路。今后需着重研究方向主要有：①城乡交错带与城乡一体化发展；②城乡交错带地区管制（特别是行政管理制度）；③城乡交错带生态问题；④城乡交错带土地利用市场及制度研究；⑤城乡交错带社区深化研究；⑥城乡交错带生态问题研究。

1.4 城乡交错带的主要功能

城乡交错带的主要功能体现在以下几个方面：

（1）城市化的前缘带：城乡交错带是乡村不断向城市转变的中间环节，是城市建成区扩展的前沿阵地，同时也是乡村城市化的"形成层"；

（2）农业现代化的先导区：城乡交错带农业的发展具有十分明显的区位优

势，如：大城市的科技优势、巨大的市场优势、工农互补优势等，是农业率先实现现代化的地区；

（3）城乡关系的协调区：城乡交错带是我国城乡关系演变的"窗口"，一方面它是城乡矛盾的最前沿阵地，城乡摩擦最敏感的地带；另一方面它又是我国城乡交融的先行区，城乡一体化的桥梁；

（4）生态环境的巨屏障：城乡交错带是城市污染物的"消纳器"，通过区内众多的绿色植被环带、各种污染治理工程以及生态农业的建设，肩负着控制、治理和解决城市环境污染的艰巨任务，是城市生态环境的屏障。

1.5　从生态学角度理解城乡交错带

1.5.1　生态学角度对城乡交错带的定义

自 19 世纪末叶，城市地理学从城市形态学与形态发生学的角度提出了"边缘带"及"城乡交错带"的概念以来，这个特殊区域日益突出的社会、经济地位引起了众多学者的注意，但是城乡交错带作为一种特殊的生态区域还未被人们所重视，它独特的生态特征还不为人所了解。

从城市生态学的角度来看城乡交错带，可以认为它是伴随着城市化过程，在城市建成区与农村相连接的部位出现的城乡要素逐渐过渡、相互渗透、相互作用的生态交错带区域。城市化过程是城乡交错带产生、维持和变化的根本原因。而作为城市和乡村的交错复合区域，城乡交错带又具有典型的生态交错带特征。

1.5.2　城乡交错带的生态特征

1.5.2.1　城乡交错带是城乡复合系统

城乡交错带是城乡复合系统，既有城市的特征，也有乡村的特征。但它不是两个系统简单的叠加，而是一个不同于城市和乡村的特殊的社会—经济—自然复合系统。

从景观结构与功能看，城乡交错带大致可以分成两大部分，即城市边缘区和乡村边缘区。城市边缘区紧邻城市一侧，受城市扩散影响强烈，与中心城市联系紧密；人口密度、建筑密度较大；各种高新技术产业区、开发区分布多；市政基础设施、社会化服务体系比较完善；农业生产已退居次要地位，以蔬菜、副食品生产为主。与城市生态系统类似，它也是人工生态系统，由人来决定它的性质、结构和功能；需要有大量的附加能量和物质的输入和输出，对外界的依赖型强；分解功能不完全，资源利用效率较低，物质循环基本上是线状的而不是环状的；自我维持和自我调节能力较薄弱，在受到干扰时其生态平衡往往需要通过人的参与才能维持；受社会经济多种因素制约。作为这个生态系统核心的人，既有生物属性，也有经济属性和社会属性。

作为城乡交错带的另一重要部分，乡村边缘带人口相对稀疏，初级生产所占比例大。与城市相比，乡村只需得到较少的外界能量、物质的输入与输出，即可维护自身的平衡与运作，因此不会产生像城市生态系统中那样严重的交通紊乱、废物堆积、空气污染等问题。乡村边缘带的农业经济不是单纯为了解决粮食问题，它在提供新鲜、营养、安全、优质和多样化食品的同时，也具有保护生态环境，提供教育科研基地，宣传绿色文化，推广科普教育以及开展休闲娱乐活动等功能。

城市和乡村具有资源上的互补性、生态上的共生性和经济上的相依性。城乡交错带由于具有两者的特征而显示极大的发展优势，清新的空气、优美的田园风光、方便的交通和生活设施，也许就是今后生态型城市的雏形。从城市中得到"发展"，从乡村中得到"可持续"，城乡交错带也许是未来走向可持续发展的一种形式。如果按照旧的发展模式，交错带的乡村景观逐步被城市景观所代替，那么城市病就会蔓延。我们认为今后可持续发展要改变传统的城市化发展道路，要充分考虑城乡各自的特点，走城乡优势互补的新路子，而城乡交错带有可能成为今后可持续发展的一个基本单元。

1.5.2.2 城乡交错带的生态界面特征

城乡交错带作为城市与乡村要素相互渗透、相互作用的融合地带，存在着大量的城乡交界地带，因而它具有特殊的界面效应。

(1)缓冲效应：城乡交错带区域将城市和农村隔离为不同的景观单元，是城市化过程对农村冲击的一个缓冲地带。

(2)梯度效应：城乡交错带的人口密度、生物多样性、经济结构、工农业污染、能耗水耗、交通网络等在空间上存在巨大的差异，生态要素变化存在着从城市端向农村端的梯度。

(3)廊道效应：城乡交错带作为连接城乡的廊道，具有巨大的物质流、能量流、信息流、人流和资金流。

(4)复合效应：各种生态流重新组合，形成自然和人工结合的城乡交错带景观，并且导致多样性和异质性的改变，景观聚集度增加。

(5)极化效应：商业、大型公共建筑设施等会形成核心，通过同化、异化、协同等过程改变城乡交错带的景观。

1.5.2.3　城乡交错带的动态变化特征

城乡交错带是一个具有高度异质性的界面系统，不仅边界在不断变化，内在的组成、结构和功能也在发生改变。这种变化既是自然系统自身发展的需要，也在相当程度上是受到了社会经济诸多因素的影响，源于城乡两元结构的不断松动和融合。中心城市人口和土地的迅速增长，卫星城的建设，城市郊区化的作用，乡镇企业的发展，政府的城乡一体化政策等是推动城乡交错带变化的巨大动力。随着城市外缘的不断扩展，城乡交错带也不断向农村深入，城乡交界的区域不断增多。今后城乡交错带将成为一个重要的与传统城、乡相区别的社会—经济—自然单元。

2 林下植被

2.1 林下植被的概念

陈民生等(2008)认为林下植被是人工林生态系统的一个重要组成部分，在促进人工林养分循环和维持森林立地生产力方面起着重要作用。同时，林下植被对维护整个系统的物种多样性也十分重要，人工林的建设影响生物多样性是一个普遍的现象。

林下植被通常指森林中的下木层、灌层、草本层及苔藓层，或被定义为那些胸径(DHB)小于2.54cm的木本和草本植物、蕨类、苔藓地衣层的总和。根据研究目的的不同，林下植被还可以将灌木按其高度分为矮小灌木(h<0.5m)和较矮灌木(h在0.5~2m之间)和高灌木(h>2m)，草本分为小草本(h<30cm)，高草本(h>30cm)(Carliton，T. J. 1985)。

2.2 林下植被的研究现状

对林下植被的研究可追溯到19世纪末，主要是研究林下植被对立地的指示作用。阳含熙应用林下植被作为立地类型划分的依据。姚茂和的研究表明，杉木人工林林下植被具有较强的指示作用，林下植被类型和指示种均可作为杉木人工林立地分类及评价的依据之一。芬兰学者Lahti的研究，把林下植被当作林地潜力的指示物。

作为森林生态系统的重要组分，它们在生物循环系统及维持生态系统的多样性和稳定性方面起着重要的作用。随着种群生态学、植物分类学、土壤学等相关学科的发展，林下植被的研究越来越趋向定量化。

近些年来，国外一些学者研究指出，尽管林下植物在森林总生物量只占很小部分，但是下层植被的化学物质浓度和生物量归还速率比上层植物高(即净生产的贮存较低)，因而它对养分循环的作用是不可低估的。而我国对这方面的研究起步较慢，研究内容相对较少。20世纪80年代以来，由于人类集约经营水平的提高，对人工林生态系统的干扰越来越大，人工林出现严重的地力衰退等各种生态问题，人们才开始重视林下植被在养分循环和稳定林分生产力等方面的作用。20 世纪中叶以来，有关林下植被开始逐渐得以深化（主要在针叶林中），大量研究主要集中于：林下植被的演替研究；林下植被与上层林木的关系；林下植被生物量研究等 3 个方面。

2.2.1　林下植被的演替研究

林下植被演替的研究主要围绕时间序列或受到干扰时林下植被的演替动态进行。Alback P. B 用空间代替时间的方法研究了 0～300 年间采伐迹地上林下植被的生物量变化：在 0～5 年内，由于原林地上遗留下来的灌木和树苗生长，林下植被生物量呈上升趋势；直到 15～25 年，生物量达到了顶峰值；随着林冠层的郁闭，林下的光照越来越弱时，一些阳生性的灌木和草本开始退化，使得林下植被生物量逐渐减少。在随后的 100 年里，蕨类和苔藓层成为了林下植被主要组成部分。随着群落的演替，大约在 140～160 年间，林下开始重新出现一些落叶的灌木和草本。在该林分中，苔藓和林木的生物量逐渐减少而灌木、草本、蕨类的生物量持续增长，林下植被生物量从灌木层占优势发展到蕨类占优势。关于林下植被的数量特征及物种组成的研究发现：随着林分年龄的增加、林分郁闭度的加大，原次生林下的草本植物在种类、高度、多度和盖度上呈逐渐减少的趋势，但耐荫性草本有所增加。但由于受小气候、土壤、干扰不同等种种相关因子的影响，并非所有群落的林下植被演替都遵循该演替规律。

林下植被受到的最常见的外界干扰主要是火烧和采伐，其余还有施肥、灌溉、放牧及病虫害袭击等。干扰的结果通常导致林下植被在物种组成、灌草的比例、个体生长状况、生物量的积累和空间分布格局、体内营养元素的积累和分布、群落内物种间的关系、生物多样性等方面发生变化。在没有外界因子干扰的情况下，林下植被的演替将随着时间的推移与林分的发育同时进行，总体上呈现出发育—萎缩—发育的阶段。在各个时期内充当主角的是不同的组分，先是草本、灌木，接下来是蕨类、苔藓。当林分的生产力开始下降时，灌草又重新出现在林分中。当受到外界干扰后，林下植被的特征会发生改变，表现在生物量、数量、高度、盖度等方面的变化，而变化的幅度与干扰的类型和强度密切相关。

2.2.2　林下植被与上层林木的关系

2.2.2.1　上层林木对林下植被的影响

一方面，林分上木通常因为冠形、冠层结构的差异或树种的组分不同以及林分密度的大小而对林下植被的生长、分布有着较大的影响。上木的冠型、树种的组分、密度的改变都会引起林下植被的改变，上木对林下植被的作用机制实质上是通过控制光照为主的环境因子的变化来影响林下植被的发育。林分密度对林下植被的影响机制是多方面的，它可以通过改变林分内的温湿度等环境条件来限制林下植被的生长，但主要通过改变林分中的光资源来引起下层植被在生长上的反应，因为获光率是影响林下植被生存和生长的潜在因素。林地内部光照的改变将影响到林下植被种类、数量和生物量的分布。密度过大的林分还会影响单位面积林下植被的生物量、平均高、植被总盖度以及生活力的大小。另一方面，不同的上木组分由于树种不同，其提供的凋落物的数量、凋落物所含营养元素成分以及腐殖质不同，加上树干产生的径流量和径流所含的元素也由于树种不同而不同，从而对立木周围的林地土壤养分、pH 值产生本质的影响，因而有可能改变林下植被的生长。

2.2.2.2　林下植被对上层林木的影响

林下植被对上木的生长、更新以及对上木施肥效果所产生的影响一直是研究者们关心的问题，但林下植被的存在是否对上木生长造成影响，目前并没有十分肯定的答案。从物候学角度看，在半干旱地区林下植被中的草本层与上层乔木的物候发展是同步的，它们从不同深度的土壤中吸取水分，因而不存在竞争关系。从空间结构上看，像热带雨林中下层的一种小型耐荫攀缘竹，既不能通过其冠层来占领空间，又不能靠其鞭根来获得地下空间的优势，从而对乔木的生存、组分和更新没有影响。但林下植被对上木的树高、基面积、每公顷（每木）的总材积及干形影响在众多的研究中已有基本一致的看法，即在林分郁闭前，清除杂草可以明显影响以上几个指标。在林分郁闭后，各树种对除去林下植被的反应并不一致，有报道称除杂有明显成效，也有报道称上木对此措施无任何反应。

林下植被的存在或多或少会影响到上木的更新，但这种影响可以分为积极的和消极的。1 年生的草本，因为生长周期只有 1 年，通常认为对上木更新没有构成障碍。虽然一些草本的存在在几年内的确减缓了实生苗的生长速度，但对它的更新和生存并不造成威胁。灌木由于其特有的鞭、根系统和对水肥条件的竞争力，比起草本来说对更新造成的障碍要大一些。但林下植被对上木更新的影响不能认为仅仅是两者之间单纯的作用与反作用的关系，它的影响力度与生境的其他因子诸如温度、湿度的综合作用有关。另外，林下植被的存在可能会促进上木的更新。总之，不同的上木对林下植被的竞争反应不一，灌、草的存在可能对某些树种的更新造成障碍，但也有可能影响不大甚至在间接上能促进其生存，乔木自身拥有的更新能力或许更大程度上决定了其更新的成功率。

可见，林下植被对上木的影响也是促进和竞争两个方面的。具体表现在：在新造幼林中，林下植被可能对某些目的树种生长所需的营养和生长空间有竞争作用从而影响其生长；另一方面林下植被的存在间接保护了上木种子，从而促进其更新。在趋于郁闭或郁闭的林分以及老龄林分中，林下植被的不利竞争明显减弱，或不存在不利的竞争影响。

2.3 林下植被作用研究

2.3.1 对立地质量的指示作用

有关林下植被的研究最早是围绕其对立地的指示作用展开的，芬兰学者 Lahti 的研究中把林下植被当作林地潜力的指示物，Wang 也报道指示植物的方法在加拿大已普遍选用为立地分类系统的基础。立地因子既可以控制林木的生长，又可以控制与它们有关的林下植被的分布和数量，林下植被的盖度和丰富度随着立地质量的增加而变化。在一定的立地指数水平上，林下植被可以作为该林分立地生产力的指示物，还可以预测森林立地质量。对立地指数进行回归分析表明，如果只有 10 个物种的相关系数达 40% 以上，而立地指数低于 21，则不存在好的指示种。

但是林下植被指示作用的一个缺陷是其指示意义外延性较差，指示作用的调查结果不能无限外推。林下植被的指示作用主要通过其包含的物种及生物量尤其是林下植被盖度与立地指数间的高度相关性显示出来的。林下植被盖度具有重要生态作用，包括改变林地覆被状况，保持水土，增加雨水渗透，改变土壤水热条件，是维护地力的一个重要因素。

2.3.2 在养分循环中的作用

养分循环与森林生产力有密切关系，养分的吸收和循环调节着森林生态系统的生产力。林下植被是林分中重要的组成部分，虽然在森林总生物量中它仅占很小一部分，在结构上也小于乔木，但其生物量和养分循环的周转率却比乔木快得多(同为地上部分前者为 34.43%，后者为 2% ~5%)。也就是说，它在森林总生产力和物质养分循环中起的作用，要比其在生物量方面的贡献大得多，在结构过于简单的人工林系统中显得尤为重要。20 世纪 90 年代以来，关于林下植被(尤其是人工林的林下植被)在养分循环中的作用的研究日益受到重视。林下植被在系统中充当一个养分源的角色，首先是对物质营养元素的吸收和积累，然后通过有机物形式归还土壤，同时促进上木枯落物的分解，提高养分归还速率。

尽管林下植被的年净生产量只占群落总生产量的 1/4 左右，每年产生的枯枝落叶量也只占总量的 3% ~15%，但营养元素积累却大于林木层，且大部分养分当年就以有机物的形式归还给土壤，林下植被每年返回土壤的营养元素约占林分总归还量的 1/4。林下植被尤其是草本植物吸收养分的 95% 以凋落物形式归还，加上草本植物凋落物极易分解，所以养分释放、归还速度相当快。更重要的一点是林下植被的枯落物还能加速上木(特别是针叶树)凋落物的分解速度，最高的甚至可以提高 1 倍以上。

2.3.3 水土保持效益

林下植被起着拦截和过滤地表径流的作用，在涵养水源、保持水土、保护环境等方面起着重要作用。林下植被保持水土的能力与其盖度有密切关系。大岗山 9 年生的杉木纯林，从实施间伐后，林下植被的盖度从 1988 年的 5%，增加到 1989 年的 16.7% 和 1990 年的 40%，地表径流中的含沙率相应为 0.20%、0.022%、0.0161%，可见地表径流中的含沙量是随着林下植被覆盖度的逐年增加而减少的，因此其减少泥土流失的作用十分有效。因此，在各项森林水文效益的研究中，不应忽视林下植被这一层，关于林下植被水文效益等方面的研究还需进一步加强。

2.3.4 林下植被对上木更新的影响

由于人们的目光多集中在人工林地力衰退和对其的解决措施上，使得林下植被的种类、结构、生物量、养分循环等成为长期以来的研究重点，而很少将林下植被作为影响上木更新的因子加以研究。林下植被减少了土壤光照，改变了土壤温度，影响土壤水分和养分动态，这些环境条件的变化将影响植物的繁殖和更新。这首先表现在幼苗成活和更新上，枯枝落叶能减少杂草竞争，促进幼苗个体生长，但也能增加无脊椎动物对种子和幼苗的取食，而且，枯枝落叶对光线的截持和机械障碍等也都影响幼苗成活率。凋落物阻碍种子下移至半分解层，栲树种子下移率为 17% 至 22.3%，林下植被减弱了光照，使近地表光照长期低于幼苗光补偿点，抑制了乔灌木优势种的更新，栲树天然更新幼苗主要来源于草窗。目前，林下植被的存在对上木更新的影响多停留在定性描述阶段，而定量影响较少。因此，探讨林下植被对林地生境条件的改变效应，对上木更新的影响将是今后工作的一个热点。

2.4 林下植被的研究方法

2.4.1 样地设置

综合考虑坡度、坡向、地位指数、林木发育阶段、密度等，按研究目的设置样地。样方的大小应视具体研究对象而定。通常分层进行，在一个标准地内通常随机建立 10 个 1m×1m 的样方或者面积为 0.88m² (Kenner, w. o. 1981) 的圆形样方来调查草本植物。而灌木通常为 5 个 4m×4m 的样方(草本的调查可在灌木的样方内进行)。苔藓则用 10cm×10cm 来调查，国内常见的方法是在样地内设置的 10 个 1m×1m 的样方，对灌草进行分层的调查(盛炜彤，杨承栋，1997)或设置 5 个 2m×2m 和 5 个 1m×1m 样方分别进行灌木和草本的调查(刘世荣，1998)。

2.4.2 林下植被调查

调查样方内植被的种类、丰富度(数量)、频度、多度或密度、高度(藤本调查长度)、盖度、生物量及相关的林分因子、立地因子、林分的郁闭度、林分密度、平均基面积或平均胸径、林分的年龄、受到重大干扰(如火烧、采伐等)的时间、土壤类型、土壤腐殖质的厚度、枯落物、坡度、坡位，海拔高等等(D. 米勒—唐布依斯，1986)，并采用样方收获法测定林下活地被物(灌木层和草本层)及死地被物生物量，同时取样测定含水量及养分。养分含量测定：N—凯氏定 N 蒸馏法，P—钒钼黄比色法，K—火焰光度计法，Ca、Mg、Fe、Cu、Zn、Mn—原子吸收分光光度计法。

2.4.3 土壤样品收集和分析

土壤水分—物理性质采用环刀法，有机质采用重铬酸钾—硫酸消化法，全 N 采用硒粉—硫酸铜—硫酸消化法，水解性 N 采用扩散吸收法，全 P 采用高氯酸—硫酸酸溶—钼锑抗比色法，速效 P 采用碳酸氢钠法，速效 K 采用火焰光度法等。土壤酶活性测定，磷酸酶活性测定、转化酶活性测定、H_2O_2 酶活性测定、脲酶活性测定，微生物分析法，采用稀释平板法。

2.4.4 养分含量的研究方法

对凋落物、草本(分叶和根系)和灌木(分枝、叶和根系)，分别称量，随机取样测定含水率和养分含量。

2.5 物种多样性

2.5.1 生物多样性和物种多样性的概念

自从 1987 年，联合国环境规划署(uNuP)正式引用"生物多样性"之后，关于生物多样性的概念便被越来越多、同时也越来越完善的定义。1995 年，联合国环境规划署（UNEP）发表的关于全球生物多样性的巨著《全球生物多样性评估》（GBA）给出一个较简单的定义：生物多样性是所有生物种类、种内遗传变异和它们与生存环境构成的生态系统的总称。之后，很多学者从不同的角度给生物多样性下了定义。如：迪卡斯提（Dicastri，1996）认为生物多样性是某一地区特定时间内基因、物种和生态复合体的集合以及它们之间的相互作用。马克平对生物多样性的定义是生物及其环境形成的生态复合体以及与此相关的各种生态过程的总和，其内容包括自然界各种动物、植物、微生物和它们所拥有的基因以及它们与生存环境形成的复杂的生态系统。李俊清在《保护生物学》一书中下的定义是：生物多样性是不同层次、不同等级水平的各种生命系统、生物类群、生命与非生命复合体以及与此相关的各种生态过程的总和，包括植物、动物、微生物和它们所拥有的基因、所形成的群落和所产生的各类生态现象。生物多样性可划分为遗传多样性、物种多样性和生态系统多样性三个不同的层次。其中，物种多样性是生物多样性三个层次中最重要的一个环节，既是遗传多样性分化的源泉，又是生态系统多样性形成的基础。

物种多样性是生物多样性研究的一个分支，早在 1943 年 Wiiliams 就提出物种多样性的概念，由于不同学者对物种多样性的理解不同，再加上研究对象和研究尺度的不同，使学术界在物种多样性研究上分为两个派别。一派是以生物地理学者为主体，其研究的尺度较大，研究对象是全球或一定地域内全部物种种类及其类群的分布状况；另一派是以植物群落学家为主体，研究尺度相对较小，他们认为物种多样性是生物群落内物种组织水平上的多样化程度，他们以一定的生物群落为对象，研究群落内物种组成的多样化程度和分布形式。

2.5.2 物种多样性研究现状

物种多样性是群落生物组成结构的重要指标，不仅是反映物种丰富度和分布均匀性的一个综合指标，还表征了群落的结构特征、组织水平、演替阶段、稳定性及生境差异等。近年来，群落物种多样性研究成为国内外学者普遍关注的研究内容，并且在与自然干扰和人为干扰（退化、恢复）相关的物种多样性研究、水平梯度上和垂直梯度上的物种多样性研究、与环境因子相关的物种多样性研究、取样尺度上的物种多样性研究、物种多样性与生态系统功能的研究等方面作了大量工作。深入探讨物种多样性的基本概念、产生原因、研究方法、研究进展、动态预测及生物多样性保护等，对生物多样性的研究和保护都具有及其重要的意义。严岳鸿等人研究了不同区域群落演替过程中物种多样性动态、变化规律及其对不同演替阶段生态响应等。杨再鸿等人对海南桉树林林下植物多样性特点进行了简单相关分析，认为年降水量、土壤含水量、土壤速效养分、碱解氮及有效磷对林下木本的生长与分布产生直接的影响，它们对林下草本的作用很小。吴勇等提出，物种多样性与水分的关系主要有 6 种模式，植物群落物种多样性同水分之间的关系在不同地区是不一致的，而且不同植物群落或物种与水分的相关关系也是不同的。坡向、坡位等地形因子对生物多样性的影响是极其复杂的，康永祥等人采用聚类分析方法对黄龙山林区辽东栎群落类型划分及其生物多样性进行了研究，认为不同坡向辽东栎林的分层植物种类多样性存在明显差异。许多学者研究了不同程度人为干扰对草原、森林及城市地区植物等的多样性的影响。一般来说，中度干扰是最有利的，多样性一般最高，干扰相对较少的具有较高的多样性，而一些极端退化的多样性都较低，但还要看物种所处环境的状况及其他限制因素。

2.5.3　物种多样性的研究方法

目前，国内外对物种多样性的研究十分活跃，从物种多样性的测度方法、分布格局到物种多样性与群落结构、生境因子等都有了很多研究。物种多样性研究最基本的问题是取样方法和多样性的测度，且这两方面都有较多的研究和长足的发展。

2.5.3.1　取样方法

物种多样性研究是在生物学和群落学的研究基础上发展起来的，群落生态学的发展为物种多样性研究提供了必要的方法，其中取样方法的确立就是一个实例。早在 1847 年 H. C. WATSON 就发现：当通过增加"采样空间"的数目和减少这些"空间"的大小，使这些"空间"更接近于原先景观时，检验会变得更加精确。但当时这种观点受到一些学者的反对，直到 50 年后才被 R. Pound. 和 F. E. Clements 采用。现在，随着数量群落生态学的发展，适用于不同调查目的的、不同研究对象的取样方法已得到充分研究和发展，成为群落数量研究的一项基础性工作。在群落水平上要逐个计量或观测所有的生物体是不可能的，取样的目的就在于根据总体某些部分即取样样本来估算总体。目前，在物种多样性研究中，常用的取样方法主要有样方法、样带法和样带相邻格子法。

（1）样方法

样方法是物种多样性调查中最常用的方法，它是以一定面积的样地作为整个研究区域的代表，并详细调查这个面积中的植物种类、个体数目、多度分布、频度、盖度、重要值等。用样方法进行物种多样性调查时，样方的形状、大小、数目及布设方式对研究结果和研究精度都有很大影响。样方的形状应视具体的地域、具体的研究对象、研究精度而定。在调查物种多样性时，同样面积的长方形比正方形更能反映实际；在调查低矮植物群落时，样圆更为有效。样方大小应视研究对象(乔木、灌木及草本的密度、高低、盖度等)而定；样方的数目应满足统计学上的要求即满足统计学上的可靠性。样方的布设方式主要有典型取样和机械取样两种：典型取样代表性较强，但人为的主观因素影响较大；机械取样太死板，代表性较差，但当研究者对研究对象不太了解且需要用概率论支持其结论时就必须采用随机取样。

(2)样带法

样带法是采用一个长方形的条带状样地来代表群落种类分布的调查方法。一般样带多设在与群落分布垂直的方向上。样带多用于环境变化很大的生境，如群落交界处，或地形复杂，土壤、层次变化大的山坡等，以观察环境变化对植物种类和密度的影响。用样带法取样，样地是连续的，能充分说明物种沿环境梯度的分布特点。另外，在同等取样尺度下样带法对整个样地的估计较好，其精确度优于样方法。

(3)样带相邻格子法

Smith(1961)介绍了样带相邻格子法，缪世利等在缙云山常绿阔叶林次生演替研究中论证了该方法的可行性，他们认为这种方法不仅可以提高野外工作效率和准确性，还可以较精确地探讨群落物种多样性与微生境之间的关系，探讨群落种群动态及其种间关系。

2.5.3.2 物种多样性测度方法

(1)α物种多样性测度方法

物种多样性是指物种水平上的生物多样性，具体是指一个地区内的物种多样化，研究的首要前提是对群落多样性的测度与评判。目前已有很多指数和方法，汪殿蓓、马克平等认为选择多样性测度指数的标准有二种：一是看它们对一组数据的应用效果，二是比较它们对某些标准(如判断差异的能力、对于样方大小的敏感程度，强调哪一个多样性组分稀疏种还是富集种、被利用和理解的广泛性)的符合程度。

①物种丰富度

物种丰富度(Species richness)即物种的数目，是最简单、最古老的多样性测度方法。一般采用两种方式：一是用物种密度(Species density)，即用单位面积的物种数目来表示，这种方法多用于植物多样性研究；二是用数量丰度(Numerical species richness)，即用一定数量的个体或生物量中的物种数目。这种方法多用于水域物种多样性研究。还可用物种数目与样方面积大小或个体总数之间的不同数学关系来测度。如：Margalef 丰富度指数、Gleason 丰富度指数、Menhinick 丰富度指数等等。为在温带森林群落多样性研究中选择更为适宜的测度指标，王贵霞等在前人研究的基础上，系统地总结和阐述了温带森林群落多样性研究中所应用的 α 多样性、β 多样性和 γ 多样性的测度方法，并对各测度指标和方法进行比较，获得了最适合评价温带森林群落多样性的测度方法或指标。

②物种相对多度模型

物种的相对多度是指物种对群落总多度的贡献大小。大多数的生物群落物种多度分布遵从一定规律，即通过建立"种—多度"关系，产生只有少数参数的唯一理论模型。从而揭示模型参数值与其描述的生物群落类型之间的相互关系。用模型的参数或曲线的形状作为群落的多样性的度量指标。实践表明大多数物种多度分布可以由几种曲线和数学模型来拟合，通过拟合可以观察到群落中的各个物种分布情况和可利用资源的方式，比较各物种的相对重要性。在众多理论分布中，有 4 个模型效果较好，不同的模型只适用于某些特定的群落类型。几何级数分布（Geometric series distribution），几何级数分布适用于演替的早期或环境条件较为严酷，生境又不相互重叠的群落；对数级数分布（Log series distribution），对数级数分布则要求群落有适当的稀有种，如单个体种（Singelton）、双个体种（Doubleton）和较少的常见种，群落中优势种不明显；对数正态分布（Log normal distribution），对数正态分布较为普遍，多适用于生境条件较好且物种丰富的群落；和分割线段模型（Broken stick model），而分割线段模型则适用于比较均质的群落。

③物种多样性指数

物种多度分布模型对群落的多样性数据进行了很好的描述，当观察到的数据较好地服从某一理论分布时，则拟合分布的参数可以作为一个多样性指标来描述群落的多样化程度，物种多样性指数是把物种丰富度和种的多度结合起来的一个统计量。基于物种的多样性测量指标非常多。如：Simpson 指数、Shannon - Wiener 指数、种间相遇机率（PIE）、Gini 多样性指数、Brillouin 多样性指数、Mcintosh 多样性指数、多样性奇数测度、多样性的几何度量等。其中最常用的有 Shannon - Wiener 指数、Simpson 指数、种间相遇机率，但是每种指数都有相对优势和劣势。Simpson 指数是对常见种敏感，对稀有种的贡献较小；Shannon - Wiener 指数对稀有种贡献大，对常见种贡献小；种间相遇机率（PIE）对常见种敏感，对稀有种的贡献较小。相对来说，Gini 等后 5 个多样性指数由于在某些环境下对于特定的研究对象可能具有特定的生态学意义，其应用的广泛性较差。

④物种均匀度

均匀度（Evenness）是指群落中不同物种的多度（生物量、盖度或其他指标）

分布的均匀程度。自 Lloyd 等提出均匀度的测定方法以来，已有多种均匀度指数，如 Pielou 均匀度指数、Sheldon 均匀度指数、Heip 均匀度指数、Alatalo 均匀度指数、Molinari 均匀度指数等等。在实际研究中应用最多的是 Pielou 均匀度指数和 Alatalo 均匀度指数，Pielou 均匀度指数必须以多样性指数为基础，与样本大小有关，而 Alatalo 均匀度指数是对样本大小不敏感。

据一些学者进行研究和统计，应用最广泛的几种多样性指数依次是：物种丰富度、Simpson 指数、Shannon – Wiener 指数、对数级数分布参数 α 和 Margalef 指数等是值得推荐的群落多样性指数，当然，根据研究目的的不同，针对不同地区、不同的研究对象选择或建立具有针对性和适用性的测度方法尤为重要。

（2）β 多样性物种多样性测度方法

β 多样性可以定义为沿着环境梯度的变化物种替代的程度，亦有人称其为物种周转速率（Species turnover rate）、物种替代速率（Species replacement rate ）和生物变化速率（Rate of biotic change），很多学者都对此进行过深入的研究。β 多样性还包括不同群落间物件组成的差异，不同群落或某环境梯度上不同点之间的共有种越少，多样性越大，精确地测度 β 多样性具有重要的意义。根据调查数据的属性不同，β 多样性的测度方法可以分成两类：即二元属性数据测定法和数量数据测定法。在 β 多样性测度指标中，Whittaker 指数反映了 α 多样性、β 多样性、γ 多样性之间的关系，比 Routkedge 指数应用的更广泛。另外，Cod 指数、Wilson – Shimda 指数和群落相似系数 Jaccard 指数与 Morisita – Horn 指数也是重要的测度指标。对于数量数据的 β 多样性测度方法，建议采用 Bray – Curtis 指数等。

（3）γ 多样性物种多样性测度方法

γ 多样性是不同地带的同一类型生境中，物种组成随着距离或地理区域的延伸而改变的程度，γ 多样性在应用中可以认为是景观水平的多样性。景观水平多样性的测度，生态学家大多沿用了 α 多样性指数以及在此基础上改良的指数，区别在于解释的角度不同。据文献分析，对 γ 多样性的讨论一般很少，直接以 γ 多样性来描述群落多样性的文献并不多见，γ 多样性可用 α 多样性和 β 多样性来代替。

总之，生物多样性的测度是生物多样性研究中十分重要的内容，具有很高的理论价值和实践意义。在实际中应用时，要具体问题具体分析，依据不同的目的合理地应用多样性指数。

2.5.4　人工林林下植被物种多样研究现状

植物多样性研究多集中在自然生态系统，但由于天然林面积的不断缩减，人们开始大规模的营造人工林。人工林是人为控制下形成的生物群落，与天然林相比具有一定不稳定性。随着近年来生物多样性及保护的研究受到前所未有的高度关注，人工林林下植被多样性变化也日益受到重视，成为林业、土壤和生态科技工作者关注的焦点问题。人工林的建植影响生物多样性是一个普遍的现象，人工林经营中存在的各种问题曾使许多专家对人工林持怀疑和否定的态度。人工林中的生物多样性问题是十分复杂的，涉及到人工林生物多样性评价标准、人工林生物多样性的影响因素等诸多问题，仅简单地通过比较相同地域中人工林和天然林物种丰富度和多样性来评判人工林对生物多样性的影响显然有失偏颇。有的学者认为人工生态系统的多样性与乡土生态系统比较无显著变化，而有的学者则认为是降低了，甚至有的将此称为"绿色沙漠"。人工林生物多样性减少有自然环境因素，也有人为干扰。

森林的主体是乔木，但林下植被作为人工林生态系统的一个重要组成部分，它在促进人工林养分循环、系统稳定性和维护林地长期生产方面起着不可忽视的作用。林下植被物种多样性的合理保护也是人工林经营中的一个重要目标和重要的技术环节。近年来，林下植被及其植物多样性研究已成为人工林可持续发展中的关键问题之一，众多学者对这一科学问题展开了广泛研究。

2.5.4.1 国外研究现状

MeComb 报道了林下植被在物种多样性方面起十分重要的作用。斯里兰卡的 Zoysa 研究了 Sinharaja 的雨林，发现该雨林林下植被存在特有成分并含有宝贵的基因库，但易受干扰而显得十分脆弱。Verma 对退化林和人工林的植物多样性指数进行了研究，结果发现人工林林下植被多样性指数高于退化林。同样，人工林林下植被多样性指数也高于矿区，湿地中林下植被的多样性明显高于沙地。在北美，对人工林林下植被的演替进行的连续 20 年的观测表明，物种组成和多样性随着树木的年龄有所变化。通过 DCA 排序得出，物种组成的变化与环境的变化具有较强的相关性。在人工林幼龄期，物种丰富度逐渐增加，但随着林龄的增加，物种丰富度逐渐减少；但也有相反的情况，例如，Su 在科尔沁沙地对不同年龄的小叶锦鸡儿群落进行了植物多样性的研究，发现随着林龄增加，植物多样性明显增大。还有研究表明，人工林的物种多样性比同龄的天然林低。

2.5.4.2 国内研究现状

胡兴宜等人对长江滩地不同林龄杨树人工林植物群落物种多样性进行了研究，建立了林下植物群落物种多样性指数模型。李亚藏等人发现，人工林中物种的丰富度和种类组成在很大程度上受人工林立地上原土地利用状况影响，尤其在人工林定居的初期表现更为明显。此外，森林生物多样性的梯度等级还表现在时间上，随着季节的变化生物多样性也随之变化。朱锦懋的研究结果表明：经营林分中乔木和灌木的物种多样性显著低于天然竹阔混交林的物种多样性；而草本植物的多样性则相反，高于天然竹阔混交林。庄雪影在对香港3种人工林林下植物多样性进行调查分析后认为，人工林在加速森林植被的恢复和促进退化地区生物多样性的恢复中具有重要作用，特别是在植物种源严重贫乏的地区，是恢复森林植被的重要手段；在营造速生人工林时，适当引入鸟播的野生树种，可加速人工林的自然演替速度和提高人工林的生态效益。李新荣研究了我国干旱沙漠地区流沙治理的成功模式（包兰铁路沙坡头地段人工植被防护体系）对植被多样性的影响，结果表明：该区人工植被经过40余年的演变，植物物种组成趋于动态平衡，在时间尺度上，其多样性随群落演替的进行呈增加趋势；β多样性测度表明，该区人工植被经历了2次物种周转率相对较快的阶段，与植被演替密切相关，该研究结果对干旱沙漠地区的生态恢复和人工绿洲的建设与管理具有重要的参考价值。

太立坤等对海南三种主要森林类型的林下植被的多样性进行了比较研究，认为灌木植物的多样性表现为：天然次生林 > 桉树人工林 > 马占相思人工林，草本植物的多样性规律是桉树人工林 > 马占相思人工林 > 天然次生林。人类活动的干扰引起乔木层物种多样性减低，草本层和灌木层物种多样性增高，而总的效应则是整个群落的多样性的增加。沈家芬等对不同年龄阶段的杉木人工林的调查指出，植物的多样性在群落早期随林龄的增大而增加，15～20年达到最大值，然后略有下降并趋向稳定，其中木本植物的多样性指数保持稳定增加，草本植物的多样性则是先增后减。朱元恩等通过对柏木人工林的植物组成与多样性研究表明，从幼龄林、中龄林到近熟林，林下灌木层由耐旱及强阳性种趋向耐旱性较强及中性种，且乔木种逐渐增加，灌木层和草本层物种数量、Shannon – Wiener 指数、均匀度指数均呈增加而生态优势度下降趋势。秦新生等的研究结果表明，人工林类型（造林树种）、林分组成（纯林或混交林）和林分密度对物种多样性的影响较为显著，其中林分密度的影响最显著，针叶林林下植被物种多样性最高，但针叶林土壤的持水力相对较差，有机质含量也较低，而阔叶纯林相对较好，针阔混交林则最佳。

2.5.4.3　研究展望

当前，随着环境问题日益为人们所重视，作为生态系统最重要功能的物种多样性的研究已成为生态学研究中的热点和重大科学问题。两个多世纪以来，特别是最近二十年来，科学家们在物种多样性的起源、维持和丧失、生态系统功能及其价值评估，以及物种多样性的保护、恢复和持续利用等方面取得了若干重大突破，使物种多样性保护的重大意义越来越受到政府和社会的关注和认同。

鉴于物种多样性面临的严峻局面,有关的国际组织或机构以及许多国家政府都纷纷采取措施,致力于物种多样性的保护与持续利用工作。联合国环境规划署在 1987～1988 年起草的 1990～1995 年联合国全系统中期环境方案中,提出了保护物种多样性的目标、策略以及实施方案。许多学者也开展了相关的物种多样性的研究工作。Myers 于 1988 年提出了热点地区概念,并于 1990 年提出了包括 18 个热点地区的划分方案。经过 10 年的应用,2000 年对此方案进行了修订,修订后的方案包括 25 个热点地区。热点地区的划分对物种多样性保护虽然起到了很大的推动作用,但也有一些问题值得关注,即:用 25 个被隔离的热点地区保护 44% 已知的植物多样性是不够的;多样性保护的热点地区并不是永久性的,随着全球气候变化,物种及其依存的生境可能会转移,热点地区也可能会发生变化。另外,世界自然基金会(WWF)提出的基于生态区的物种多样性保护(ERBc)途径,以及大自然保护协会(TNC)提出的基于规划途径的物种多样性保护都值得借鉴。

近几十年来,我国对保护全球环境和物种资源方面做出了许多的努力,取得了很大的成绩,但与全球环境的持续恶化,物种资源的迅速减少,对保护物种多样性、维持生态平衡的迫切需求相比还有很大的差距。所以,我们必须加强国际交流与合作,引进国外物种多样性保护和持续利用的先进经验、技术措施,吸引外商投资,促进我国物种多样性持续、健康发展。

2.6 生物量

2.6.1 森林生物量的概念

生物量是研究森林第一性生产力的基础,也是评价森林生态系统结构与功能的重要指标,它是泛指单位面积所有生物生产的有机物质的总量,以 kg/hm^2 表示。其包括林木的生物量(根、茎、叶、花果、种子和凋落物的总重量)和林下植被层的生物量。

生物量和生产力作为生态系统中积累的植物有机物总量,是整个生态系统运行的能量基础和营养物质来源。森林的生物量和生产力的大小,决定和制约着森林生态系统在水源涵养、土壤保持、气候改善等方面功能的大小,同时也决定和制约了森林在维持生态平衡方面所起作用的大小。森林的生物量和生产力的大小也是评价森林生态系统生产潜力以及进行森林生态系统经营管理必需的基础数据。人工林生物量是反映林分利用自然潜力的能力,也能衡量人工林生产力的高低，是人工林生态系统物质循环研究的重要基础指标。

2.6.2 森林生物量的研究现状

2.6.2.1 国外研究现状

生物量是衡量人工林经营效果的重要评价指标，对研究生态系统物质和能量的固定、消耗、分配、积累和转化有着重要的意义。最早可以追溯到 100 年前，Ebermeryelvgl 于 1876 年在德国进行的几种森林的枯枝落叶量和木材重量的测定，对无机成分进行了分析，研究了凋落物对森林土壤及林木生长的影响，这些研究被地球化学家在计算生物圈化学元素时引用了 50 多年。但在 20 世纪 50 年代以前，森林生物量和生产力的研究并没有受到人们的重视。50 年代以后，人们才开始关心生态系统到底能为人类提供多少有机物，这时候各国科学家们才开始对各自国内的主要森林生态系统生物量和生产力进行实际调查和资料收集，代表人物有日本的 Satoo、前苏联的 Remeaov 以及英国的 Rennie 和 Ovington。

1891 年 Haring 讨论了松树林分干材产量与叶量的关系；Jenscnlsol 于 1910 年根据有机物的生产量和消耗分析了森林的耐荫性，后来，他还在研究森林自然稀疏问题时，研究了森林的初级生产量；1929～1953 年，瑞士的 Burgerd 研究了树叶生物量和木材生产的关系网；1944 年，kittcdgde 利用叶重和胸径的拟合关系，成功地拟合了白皮松（*pinrus bungeana*）等树种预测叶量的对数回归方程。

日本开始森林生物量的研究是在第二次大战后，而且研究成果较多。东京大学(Satoo 和 Senda)对不同密度松林的生物量和木材产量进行了研究；1958 年北海道、东京、京都、大阪大学开始合作研究，获得了大量的第一手数据，总结出生物量的测定方法，揭示了生物量的结构规律，提出了收获密度效果理论；sliinozzakl 在研究各种植物群落的生产结构图的基础上提出了管道模型的理论(Pipe model theory)之后，欧美学者将心材、边材的概念引入管道模型理论，建立了叶量、叶面积甚至枝量的关系，提出了叶量、叶面积的估测模型。

20 世纪 50 年代以前，生物量和生产力的研究并不被人们重视，到了 50 年代后，人们才开始关心生态系统到底能为人类提供多少有机物，因而在日本、前苏联、英国，科学家们开始对各自国家的主要森林生态系统生物量和生产力进行实地调查和资料收集。到了 70 年代初期，世界上开始重视森林生物量研究，在国际生物学计划(IBP)和"人与生物圈(MAB)"推动下，研究了地球上主要森林植被类型的生物量和生产力及其区域地力分布规律、植被生产力于气候因子和植物群落分布之间的关系，估算了地球生物圈的生物总量，研究方法变得多样化，精确度也逐渐提高。在美国，Olson 研究北温带森林生态系统，Whittaker 对大烟山森林生物量进行了研究；在加拿大，Maclean 和 Wcin 研究了北方森林生物量和生产力；在英国，Ovington 对人工林生物量进行了研究；在前苏联，Marchenko 和 Karlov 对北方泰加林生物量进行了研究；在德国，Ellenking 对温带森林生物量进行了研究；在日本，Satoo 对日本温带森林生物量进行了研究。这些研究成果，为了解全球森林生态系统生物量和生产力的分布格局提供了依据。Reichle、Duvigneaud、木村允、佐藤大七郎、Lieth 和 Whittake，以及 Cannell 编辑的代表作，比较全面地总结了当时的研究成果，得出了主要森林生态系统类型和生产力（Olson）。近年来，森林生态系统的生物量和生产力的研究已不断地向广度和深度方向发展。

2.6.2.2 国内研究现状

我国在森林生物量研究方面起步较晚，关于森林生物量和生产力的研究，到 20 世纪 70 年代末才有报道。最早是潘维俦对杉木人工林的研究，其后是冯宗炜对马尾松人工林以及李文华等对长白山温带天然林的研究；刘世荣、陈灵芝，党承林、薛立等先后建立了主要森林树种生物量测定相对生长方程，估算了其生物量；冯宗炜等总结了全国不同森林类型的生物量及其分布格局。近年来，随着研究的逐步深入，对次生植被生物量和生产力的研究也越来越多，而且研究尺度呈现多样化，即出现更微观和更宏观的研究，周永学等对各种松树的生物量做了大量的研究。我国先后估算了主要森林树种的生物量及其分布格局，其中地带性分布规律为暖温带＜寒温带＜温带＜亚热带＜热带。20 世纪 90 年代以来，关于杉木、马尾松、福建柏与不同树种混交后的生物量也陆续进行了报道，如杉木与马褂木、檫树、山杜英混交和马尾松与枫香、木荷混交林的生物量研究。

三十多年来，我国科研工作者对森林生物量进行了大量基础研究，取得了一批重要成果，为进一步研究森林生态系统物质和能量的循环与利用，评价森林生态系统生长能力和潜力、提高人工林营林水平等多方面做出了贡献。其研究的范围可概括为：

（1）进行了许多树种的研究。据罗天祥统计，全国有 140 多个地区，近百个树种开展了此项研究，发表论文近 300 多篇，研究最多的是杉木，对松类、桉树类、其他阔叶树种和竹类也有较多的研究。

（2）对群落和各种系统的生物量研究正日趋增多，试图从热量、雨量分配角度探讨世界各气候带、各类生态系统及生物生产力的概貌与规律。如对银鹊树（TaPiscla sinensis）群落、落叶松人工林群落、温带落叶松群落、贵州茂兰喀斯特森林群落、兴安落叶松（Larix gmelinii）人工林群落、中国寒温带和福建柏

（Fokienia hodginsii）人工林生态系统等生物量的研究。

（3）对同一树种进行了深入的研究。即：出现了同一树种不同地理生物量差异的研究，同一树种不同发育阶段生物量差异的研究，同一树种不同自然地带生物量变异的研究等。例如，毛白杨（Populus tomentos）无性系、杉木（cunninghamia lanccolata）的不同代数、不同气候区域油松（助 ustabulaeformis）、不同间伐强度的杉木林下植被研究等。

2.6.3 林下植被生物量研究现状

虽然国外有关林下植被研究已有上百年历史，主要研究其对立地的指示作用、森林更新演替和生态功能等，但对林下植被的生物量的研究却不多，而我国对这方面的研究没有引起足够重视，起步较晚，研究内容也相对较窄。

闫文德对会同第 2 代杉木人工林速生阶段林下地被物生物量进行了 2a 的定位研究，探讨了杉木林林下灌木层、草本层的生物量动态变化。杨昆归纳了森林林下植被的生物量分布特征与森林的类型、龄级和林分特征等因子之间的变化关系，分析了林下植被在维持森林生态系统营养元素循环、保持水土、指示森林环境状态变化、影响森林林分的生理生态特征和森林演替、保护动物的栖息地以及维持生态平衡等方面的主要生态作用。朱元恩通过对宜昌市郊柏木人工林从幼龄林、中龄林至近熟林 3 个阶段林下植被发育及生物量的研究发现，林下草本层和死地被物层的生物量呈增加趋势，但受柏木更新不良影响，灌木层生物量呈现出先减少后增加的变化趋势。张炜平通过收集杉木林林下植被生物量数据，分析杉木林林下植被生物量与年平均温度、年降水量、林分年龄、林分密度、乔木层生物量、灌木层生物量、草本层生物量、枯枝落叶层现存量等 8 个因子的相关关系。林下植被生物量与草本层生物量相关性最大，与林分密度呈负相关，而与年均温、年降水量无显著相关。杨再鸿对海南桉树林林下植被物种组成（153 样地）及生物量（6 样地）的调查结果表明：在未郁闭前的幼年桉树林地，林下植被地上部分生物量草本大于木本，林下生物量局部有随年降水量增加而递增的趋势。不同土壤类型生物量大小的排序为：花岗岩砖红壤 >花岗岩山地砖红壤 >海相沉积物砖红壤 >玄武岩砖红壤 >冲积潮砂土。桉树幼年林分林下植被生物量最大，但生物量总体是随林龄增大而增加：1.5a 生 >9a 生 >8a 生 >7a 生 >6a 生。吴鹏飞选取具有代表性的 10a，15a，20a，25a 桤（Aluns cremastogyme）柏（Cupressus fu−nebris）混交林和由桤柏混交林演替而来的 30a 纯柏林为研究对象，研究了川中丘陵区桤柏混交林的林下植被结构及生物量的动态变化。

2.6.4 林下植被生物量研究方法

目前，森林植被生物量的研究方法较多，研究内容也相对丰富，但对人工林林下植被生物量的研究较少，且研究方法变化不大，仍以传统的全收获法为主。

2.6.4.1 灌木生物量研究方法

（1）全收获法

全收获法又叫样方法，是最为传统的方法，通过设置一定面积的小样方，用 Monsi 法分层收获，对根量测定用"全根量收获法"，获取地上和地下部分生物量。用该方法可取得相对客观的生物量数据，常用以检验其他方法的精确程度。陈遐林等采用全收获法研究了山西林区榛子、虎榛子和黄刺玫 3 种有代表性的灌木林类型的生物量和生产力，研究结果可较好地描述灌木生物量的分配规律。刘存琦等研究了 4 种具有代表性的旱生灌木生物量测定技术。结果表明，用传统的样方收获法测定这类灌木的生物量精确度高，但耗时巨大，破坏力强，不具备实际可行性。因此，全收获法虽然测定精度较高，但费时费力，对生态破坏大，故不被广泛采用，仅有个别学者研究时采用。

（2）平均木法

平均木法亦称标准木法，根据样地每木调查资料先将全样地中的植株根据树高、地径、树高地径之和 3 种指标分别分为 3 级，然后每级选择标准木 3 株，用 Monsi 层割法测定地上生物量，地下生物量用"全根量收获法"测定。该方法虽然简单易行，省时省力，对生态破坏性较小，但受到不少国内外研究者的指责：认为仅根据某一测树指标确定的平均木对形态各异的灌木植株及其他测树指标来说并不具有广泛的代表性。因其在高度和基部直径上具有中等离散度的正态频率分布，该方法较适用于人工栽植的乔木和灌木林。

（3）相对生长法

相对生长法亦称微量分析法、回归式法或相关曲线法。先量测样木的地径、树高和冠幅。树高用标杆测量；地径用游标卡尺或卡规测量，测向角度120°，重复 3 次取均值；冠幅测量其垂直方向的长短冠幅直径，对不同灌木树种采用不同形状的冠幅周长，用 Draudt 法选取标准木，分别用层割法和"全根量收获法"测定地上和地下部分生物量。刘存琦用该法对 4 种旱生灌木生物量进行研究发现，用地径和树高估测模型精度较高，对地径不明显且树冠近似球形的灌木可用冠幅代替地径的方法。用相对生长法测定灌木生物量精度高、省时、对生态破坏性较小，是目前测定森林生物量时应用最多的一种方法。

（4）数量化方法

数量化方法是对影响灌木生物量的各测树因子进行数量化处理的方法。以数量指标(如地径、树高、冠幅和林龄)或定性指标(如生长情况、疏密度)作为数量方程的自变量 X,灌木生物量作为方程的因变量 Y,由于因变量 Y 依赖于自变量 X,将 X 分成若干类别,数量化因子和类别统称为类目 Ck 并评分,使用期望值对其求偏导数,获得了生物量 Y。姜凤岐在国内最先利用数量化理论建立易测因子的估测模型。刘正恩等采用数量化模型对羊草草原地上生物量进行预测,获得了很好的估测效果,其相关系数高达 0.97。陈继平用数量化方法对四川省的马桑和黄荆进行研究,发现立地条件对灌木生物量影响的 4 个主导因子。数量化方法适用于相同植被类型的生物量调查,在人工林或区域相似林分条件下的灌木生物量研究中应得以广泛推广。

(5)非破坏性方法

非破坏性方法是在不破坏灌木植株的情况下(如使用某种运算方法或相关仪器等)获取其生物量数据的方法。Etienne 使用基于植物的非破坏性方法估测了全球灌木生物量,使用的大多数为评分数量化方法和目测方法。Foroughbakhch 用非破坏性方法估测了墨西哥东北部 15 种灌木的叶生物量,其结果均达到显著水平。基于灌丛各项测定指标(高度、地茎和分枝数)与生物量间具有一定的相关性,用某个单项指标或综合指标可推算出生物量值。姜峻等用提升式草量计原理设计了一种专门用于灌木生物量的非破坏性测量板,即用一定面积的物体压于植株冠层之上,由冠层支撑量板高度估算生物量,操作简单,效率高。非破坏性法较适用于大范围的估测,但由于该方法是基于大量经验基础之上的,其估测精度极低,结果不够稳定,现在使用得不多。

2.6.4.2 草本生物量研究方法

(1)全收获法

全收获法是最为传统的研究方法,即在样地内设置一定数量的小样方,样方面积及形状视研究目的及研究地状况而定;然后获取样方内全部地上和地下部分的重量,采集不同组分的样品带回实验室,先于 105℃ 烘箱内杀青,再将温度调为 80℃ 烘干至恒重,获得干物质重量,从而根据样方面积推算出区域内单位面积的草本生物量。该方法操作简单,工作量大,对环境的破坏程度亦高,但草本全株获取较乔木和灌木容易,因此,现多采用该方法测定草本生物量。用全收获法研究林下草本层生物量是研究森林结构和功能特征的重要部分。潘攀等用全收获法较精确地估测了杜仲人工林林下草本生物量,为杜仲林分进行密度调控提供参考。方海波等用全收获法对未间伐区和间伐区林下草本生物量进行了研究,分析不同经营措施下的草本生物量动态格局,为森林经营管理提供科学依据。林开敏等采用全收获法对杉木成熟林草本生物量进行研究时发现,该方法能较好地解释林下草本与灌木间的关系,反映出林下植被独特的生物学特性和生态学特性。全收获法在草本群落生物量研究中也取得了很好的效果。上官铁梁等用全收获法对汾河河漫滩 3 种草本植物群落的生物量进行研究时发现，3 种草本群落总生物量的配置情况与大小排列顺序正好与各群落生境水分条件的差异相吻合。周萍等在黄土丘陵地区用全收获法研究草本群落生物量时发现，草本群落生物量与盖度、垂直高度及土壤因子有显著的相关关系。

　　全收获法虽然较为常用，但耗时多，耗资高，且因毁坏植被而不能进行追踪调查研究，无法满足对林下植被草本层定点、定株系统观测植物增长动态的研究需求，同时还存在暂时性破坏草本层生态系统的缺点。因此，全收获法调查草本生物量并非是一个很好的方法。

　　(2) 目测法

　　目测法多用于群落结构简单的放牧草地。在草地上随机设置几个样方，通过目测把样方按草本植物生物量分成 3 类，按每一类的样方数目根据草本植物生物量空间分布格局计算单位草地面积的草本植物生物量。该方法操作简单，节省劳力，但仅当草本植物生物量空间分布格局服从伽玛分布时具较高的精度。此外，研究者还运用遥感技术通过航空、航天摄影获取地物光谱反射信息，并结合地面调查测定草地植被、土壤、地貌和气候等因子信息，经过图像处理，建立光谱信息与地物信息的相关关系，来了解草地牧草的长势，估测草地植物生物量。然而，对于群落结构复杂的森林生态系统林下草本生物量的估计，该方法未见使用，有待进一步探索研究。

　　(3) 模型法

　　模型法是通过对草本植物的易测因子作为模型参数，运用数学模型进行拟合，获得草本植物最佳生物量估测模型。范伟民等以草地上生物量的构成因素为依据，通过测定多株不同物候和长势的单株羊草的株高或生殖枝高、叶片数、叶片长、叶片宽及穗长等易测参数，分别提出了羊草营养枝、生殖枝的生物量估测方法，并在此基础上构建了单位面积羊草地上生物量的估测模型。张玉勋等通过羊草群落、羊草 + 杂类草群落和贝加尔针茅群落植冠红光($0.63 \sim 0.69\,\mu m$) 和近红外辐射($0.76 \sim 0.90\,\mu m$) 反射率实验，获得羊草群落不同生长时期地上生物量回归模型，并取得了较好的估测效果。模型法实际操作性较强，对植被破坏程度较低，但估算精度较全收获法低，使用范围受草本群落特征的限制。

　　鉴于各方法的优缺点，笔者认为，可将全收获法与模型法相结合，在精度范围内对一定区域的草本植物建立草本生物量估测模型，用于估测该区域环境下草本植物的生物量，为其他研究者提供数据参考。

2.6.5 林下植被生物量模型研究

林下植被生物量模型是一种通过样本观测值建立林木各分量干重与其调查因子间的一个或一组数学表达式，以模拟林分内每株林木各分量干物质重量为基础的一类数学模型。目前利用数量化理论建立易测因子的估算模型，大多数集中在对乔木层生物量的研究，对林下植被生物量模型的研究起步较晚，研究内容也相对较少。

2.6.5.1 模型参数选择

对于生物量估测参数的选择，有研究认为主要与植物自身形态关系密切。影响灌木生物量的易测因子主要有树种、高度、地径、冠幅、冠长、丛株数、年龄、主根长等，是表达生物量的理想指标。树种不同，影响其生物量的重要测树因子也不相同。刘存琦等对梭梭、柠条、毛条和花棒4种具有代表性的旱生灌木生物量的测定技术进行研究认为，地径和树高是这类灌木生物量预测的重要因子。刘兴良等在建立巴郎山高山栎灌木地上生物量估测模型时，亦采用地径和树高作为模型参数因子。但部分学者则认为，冠幅和高度是灌木生物量估算的重要因子。生物量估算参数除采用单一测树因子外，还运用混合测树因子。曾慧珍等在对灌木生物量进行研究时发现，用单个测树因子模拟生物量回归方程并非最理想，各测树因子的适当组合能较准确地估算灌木生物量，以组合 D^2H，DH，CH 建立的估算模型精度较高。曾慧卿等以植冠面积 $(Ac = \pi C^2/4)$ 和植冠投影体积 $(Vc = Ac \times H)$ 作为变量估算红壤丘陵区林下灌木生物量取得了较高的精度。

不同灌木生态学类型，其模型参数的选择不同。分枝数多、植株矮小、无明显主干、形态类似于藤本植物的物种，以冠幅或冠幅面积为变量来估算生物量可行，并具有较高的精度。由于檵木树种的形态更近似于圆柱形，其生长不仅表现在冠幅的横向生长，还包括纵向的树高生长，选用直径和高度为测树因子建立模型的精度较高，但有一定大小范围以及地域性的局限性。对于植物形态类似于乔木树种的灌木类，其生物量估算中引入树高变量的研究应用较多，精度较高。用冠幅和高度2个形态因子的乘积 CH 复合变量来估测灌木枝叶根生物量，可以获得较高的精度，这与灌木的形态特征为近似圆柱形相符合。因此，采用冠幅和高度或地径和高度的复合因子来估算生物量的精度较高。显然，在选择模型参数时必须考虑植株的形态特征。此外，对于林下灌木层株数密度大的，采用树高和冠幅比用地径或其他因子更简便、省时、省力。因此，模型建立所选变量存在一个适用范围的问题，选择建模参数应根据植株的形态特征。

2.6.5.2 模型方程选择

鉴于乔木树种生物量的预测经验，可选择线性、对数、指数、幂函数以及多项式等回归模型建立灌木生物量预测模型。对大量植物群落生物量研究表明回归分析是比较理想且简单适用的模型。韩忠明等采用不同参数、不同函数对不同生境的刺五加种群构建生物量模型进行预测，认为刺五加种群的生物量可以用数学模型进行估测，且幂函数的估测效果优于其他函数，估测精度较高。曾慧卿等认为，对于部分树种多个物种的混合模型(建立多个物种生物量与 Ac、Vc 的回归方程)比单一物种的独立模型(建立单一物种生物量与 Ac、Vc 的回归方程)具有更高精度，模型方程选用多项式和幂函数。侯琳采用多项式和指数函数回归模型模拟叶、茎、根、皮的生物量与灌木高、胸径和冠幅等生长因子之间的关系，建立油松林下主要灌木测树因子及其器官生物量的回归模型，估计精度在95%以上，具有较高的估计精度和实用性。因不同灌木的形态特征和株数大小等的不同，其生物量估测模型也不相同，因此，在选择模型方程时应视具体情况而定。

2.6.6 林下植被生物量分配格局

2.6.6.1 不同发育阶段林下植被生物量的特征

林分的年龄和林分郁闭度对林下植被生物量生长发育具有较大的影响。一般在林分的幼龄阶段、林分郁闭前，随着林分年龄的增加，林下植被的灌木层和草本层的生物量均呈增加的趋势。但随着林分郁闭度的增加，林下光照条件减弱，到林冠完全郁闭时，林下植被生物量呈下降趋势。在林分发育成熟时，由于林分的自疏，使得林冠层的郁闭度下降，林下丰富的光照条件又有利于林下植被发育，使得林下植被生物量增加。在对会同杉木人工林林下植被生物量研究时，闫文德、方海波等发现：在杉木林幼龄阶段，林下植被生物量较大，但在第7年，林下植被生物量出现了低谷，这是由于林分郁闭度的增加，使得林内光照条件发生了改变，不利于林下植被生物量的生长发育，在第14年林分完全郁闭时，林下植被生物量出现最低值，其后，林下植被生物量开始有增加趋势。一般来说，不同发育阶段林下植被生物量的变化，在很大程度上是由于受到上层林木的郁闭度和树型等因素的影响，而这些因素最终是通过改变了到达下木层的光照条件，而影响林下植被的生长发育。

2.6.6.2 不同群落类型林下植被生物量特征

由于不同的群落类型其环境条件不同，如：群落的光照条件、土壤的理化性质、水分条件，地形等，使得林下植被生物量存在差异。一般来说，阔叶林的林下植被生物量要小于针叶林，这是由于在阔叶林内，树冠郁闭度高，从而导致林内透光性差。而落叶林的林下植被生物量高于常绿林，这是由于在春末夏初时，树冠郁闭度较低，光照条件较好，从而有利于林下植被发育。Jennings等研究发现：当阔叶林代替针叶林时，其林下植被的生物量减少。Taylor等的研究也表明：落叶林中的林下竹子的茎、平均地上部分干重均明显高于常绿林。但是，徐存宝等利用聚类分析的方法研究发现：对林下植被生物量的影响，群落的不同演替阶段超过了不同群落类型。

2.6.6.3 不同层次林下植被的生物量特征

由于不同层次的林下植被的生理学和生态学特性不同，使得它们对林内各生境因子具有不同的适应能力和竞争能力，从而导致林下植被的不同层次生物量具有明显的差异性。一般在林分的幼龄阶段，林下植被以灌木层生物量为主，而草本层生物量较低。而随着林分不断发育，林分郁闭度增加，由于光照条件的限制而导致一些非耐荫性的灌木层植被退化，使得灌木层生物量占林下植被总生物量的比例呈减少趋势，而草本层生物量所占的比例却不断增大。一般来说，在林分中龄阶段，草本层生物量所占的比例大于灌木层生物量的比例。但在林分进入成熟阶段，灌木层生物量的比例有上升趋势，而草本层生物量比例呈下降趋势。林开敏等研究发现：在杉木林的幼龄阶段，灌木层生物量远远大于草本层生物量，大约是草本层生物量的3倍左右；但到中龄阶段，灌木层的生物量迅速减少，不足草本层生物量的一半；到了成熟阶段，灌木层的生物量又有所增加。从同一层次林下植被的生物量器官分配来看，通常，在灌木生物量中根系所占的比例最大，茎次之，叶最少；而草本层的地上部分生物量远远小于地下部分生物量。闫文德等研究也发现：在林下植被灌木层生物量中，根系生物量几乎占到总生物量的一半，而草本层地下部分生物量大约是地上部分生物量的2倍。

2.6.6.4 林下植被生物量与林分因子的关系

由于林分的特征因子(如：乔木层的郁闭度、冠幅、平均胸径、树高、林分的密度等)通过限制森林下木层的光照条件来影响林下植被的生物量生长发育，所以林下植被生物量这些林分特征因子可能有明显的相关性。Ffolliot等的研究表明，林分树冠覆盖度是林下植被生物量的指示因子，并且呈非线性关系。随后Mitchell等通过实验验证了林分树冠覆盖度与林下植被生物量之间的非线性变化模式。但是，林下植被生物量的变化与林分密度没有明显的相关关系。

2.7 养分循环

林下植被是人工林生态系统中一个重要的组成部分。虽然对森林生态系统养分的研究取得了大量的成果，但以往对此方面的研究主要集中在乔木层，对林下植被养分循环的研究不仅少而且简单。现在越来越多的学者认识到，林下植被在森林生物量中占的比重很小，但它对养分循环的作用不可低估。

2.7.1 国外研究现状

国外最早测定人工林养分含量的是德国学者 Ebermayer。他在 1876 年就测定了德国巴伐利亚地区阔叶林和针叶林的养分含量，在其经典著作《森林凋落物产量及其化学组成》中阐述了森林凋落物在养分循环中的重要性。自 1930 年 Al－bert 发表了对欧洲松和欧洲山毛榉林养分循环研究的成果以来，森林生态系统矿物质循环的研究成为日益活跃的研究领域。特别是自 Bazilevich 和 Bobin 首次提出了建立在枯落物及其转化水平上的植被类型中养分循环的分类，推动了矿质循环研究扩展到生物地球化学循环的领域；Cole 首先确定了生物循环和地球化学循环之间的定量关系；Bormann 等则利用小流域方法进行了系统水平上的水文循环和养分循环的定量测定，由此推动了矿质循环从生物循环向生物地球化学循环的研究发展，此后，欧美出版了不少有关森林生态系统养分循环研究的专著、专集和会议论文集。同时研究试验技术和数据处理方美国东部北美乔松人工林和阔叶林林分上层和下层植被凋落物的化学组成表明，下层植被的化学浓度均高于上层林木。Yarie 对不列颠哥伦比亚海岸的 3 种亚高山森林生态系统的研究表明，林下植被的凋落物仅占地上总凋落物的 3%～11%。但它提供的养分却占了很高的比例：氮素占 16%～38%，磷素占 14%～35%，钙素占 5%～31%，镁素占 19%～55%，而钾竟占 32%～90%。加拿大魁北克省北部地区，黑云杉与地被物苔藓的相互关系尤其引人注目，在这些林分中，苔藓生物量占地上部分生物量的 33%～50%，每年吸收的 N，P，K，Ca 和 Mg 的数量大约占树木年吸收的 23%～53%。通过研究这些林分的降水化学组成、苔藓凋落物的分解作用、黑云杉的根生长类型和地被物养分有效性问题，发现苔藓层是林木氮素的主要来源，降水和林分穿透水的氮被苔藓层吸收后，可以保持1～3 年后才释放出来，释放的氮素通过穿入苔藓层的共生菌根进行吸收。而黑云杉凋落物中氮大部分是以无机态形式存在，降水通过林冠和苔藓层过滤吸收后，输入的 N 达 9kg/hm^2·a。苔藓层在此就像一个生物过滤器，从降水和林分穿透水中截取养分，然后再有效地供给林木，因此保护林下植被对林分生产力的发挥是有利的。

2.7.2 国内研究现状

我国在养分循环方面的研究起步较晚，20 世纪 50 年代侯学煜等作过一些研究，70 年代后期，我国陆续开始了森林生态系统养分循环的测定和研究工作。早期在人工林方面研究较多，而且多集中于林业科研机构和院校。随着我国森林生态系统定位研究工作的开展，使我国森林生态系统研究迈向组织化、系统化、网络化的道路，养分的研究也进入了崭新的阶段。研究工作从寒温带森林到热带雨林、从天然林到人工林、从用材林到经济林、从纯林到混交林，涉及了全国不同地域森林类型和大部分树种。研究的内容有：营养元素的含量、积累和分布，以及营养元素的生物循环和生态系统循环。

潘维俦、陈楚莹、王战、廖利平等先后对杉木等树种人工林的养分循环进行了较为深入的研究。沈国舫、董世仁和聂道平对油松人工林养分循环中林分各组分营养元素含量的静态分布、动态特征、养分生物循环等进行了较为深入的研究。侯学煜在《中国植被地理及优势植物化学组成》中总结了我国 1950 ~ 1966 年在养分循环方面的研究成果，是全国性的植物元素化学地理的首次报道，为探讨我国生物地球化学或景观地球化学提供了宝贵的资料。

此外，在营养元素含量的研究方面，朱建林等（（1994）、卢琦等（1995）、费世民（1995）、邹春静等（1996）、叶功富（1996）、梁伟克等（1999）、刘广全等（2000，2001）、林德喜等（2002）等分别对油松、栲树、火炬松、长白松、木麻黄、肉桂、落叶松、锐齿栎和尾叶桉等树种进行了研究。在营养元素积累与分布的研究上，冯林等（1994）、廖宝文等（1999）、李志辉等（2000）、陈爱玲等（2000）、刘广全等（2001）等分别对落叶松、海桑、秋茄、巨尾桉、杉木、锐齿栎、油松和华山松等树种的林分进行了研究。

2.7.3 研究的主要内容

2.7.3.1 养分含量

不仅不同立地、不同树种、不同器官中养分元素含量不同，就是不同大小、部位、生长发育阶段的同一树种的相同器官，其各种营养元素的浓度也不一样。Van Lear DH 对成熟火炬松人工林地上、地下部分养分含量的研究表明，侧根占根系养分总量的 66% ~ 75%，直径小于 0.6mm 的须根含有根系养分的 24% ~ 30%，地上部分 N，Ca，K，P 的积累量分别为 164.7，154.2，78，14kg/hm²，地下部分 N，Ca，K，P 的积累分别占全树的 27%，35%，35%，24%。细根和叶片的生物量只占林分生物量的 4%，却含有林分 N，P 积累量的 25%。

朱建林等通过对油松树冠营养浓度空间变异的研究发现：油松树冠中营养元素浓度不仅有垂直方向上的差异，而且在水平方向上也存在差异，并且这种差异表现为树冠内部和外部的差异，垂直方向的差异实际上是由内外差异造成的。卢琦等通过对桂东北栲树林营养元素空间格局的研究发现，群落内不同层次植物的营养元素含量存在明显的差异。在群落内自上而下，其营养元素浓度呈递增趋势，即草本层 > 灌木层 > 乔木层，而死地被物的养分浓度最低。这是由于枯枝落叶在凋落前大部分营养物质已经发生了转移，加上淋溶分解造成的。在乔木层中，各组分的养分含量呈现出树叶 > 一年生枝 > 多年生枝 > 枯枝 > 干材的趋势。各层的 5 种营养元素含量的排列是，乔木层：Ca > N > K > Mg > P；灌木层：K > N > Ca > Mg > P；草本层：K > N > Mg > Ca > P；表现出群落不同层次养分利用的明显差异，这也是群落稳定性的养分基础，土壤中 0 ~ 60cm 土层 5 种养分元素的含量顺序为 N > Ca > K > Mg > P，与乔木层含量基本吻合，反映了乔木层建群树种的养分利用是以土壤养分库为基础的。

林德喜等（1995 ~ 1999）在福建平和天马林场对尾叶桉生长过程中营养元素的动态变化为期 5 年的研究中发现，尾叶桉不同器官中 5 种营养元素的含量在各生长期中有动态变化：N 在一年生时不同器官中的含量大小顺序为：叶 > 枝 > 干 > 根，以后为叶 > 根 > 枝 > 干；P 则在前 3 年 5 月份时为叶 > 根 > 枝 > 干；12 月份时为叶 > 枝 > 根 > 干，4 年以后 5 月份和 12 月份时为叶 > 根 > 干 > 枝或叶 > 干 > 根 > 枝；K 在前 3 年 5 月份和 12 月份分别为叶 > 枝 > 干 > 根和叶 > 枝 > 根 > 干或叶 > 枝 > 干 > 根，第 4 年为叶 > 根 > 干 > 枝或叶 > 干 > 根 > 枝，第 5 年为叶 > 根 > 干 > 枝；Ca，Mg 在 2 年内和 4 年后为叶 > 枝 > 根 > 干，2.5 ~ 4 年间为叶 > 枝 > 干 > 根，说明 Ca，Mg 最终会在干中积累而在根中含量较少。不同器官中 5 种养分元素平均含量大小为叶 > 枝 > 根 > 干，凋落物中养分元素含量大小为 N > K > P > Ca > Mg。杨玉盛等（2002）研究杉木、观光木群落 N，P 养分循环时发现，混交林中杉木和观光木地上各组分的 N，P 含量大小为叶 > 活枝 > 枯枝 > 干，而根系的则随着径级的减小而增大，且观光木各组分 N 的含量均高于杉木的。

2.7.3.2　养分元素的积累与分布

不同人工林内营养元素的积累与分布存在显著差异：海桑（6 年生）与秋茄（11 年生）人工混交林和海桑、秋茄人工纯林 3 种类型（类型 Ⅰ、Ⅱ、Ⅲ）。乔木层、灌木层 10 种营养元素积累及分布是：类型 Ⅰ 营养元素的总积累量为 765.570kg/hm^2，其中乔木层占 1.8%，灌木层占 58.2%，与生物量分配百分比相比，乔木层营养元素积累量占总量的比例有所上升，而灌木层则有所下降；类型 Ⅱ 营养元素的总积累量为 343.925kg/hm^2，其中乔木层占 92.3%，灌木层占 7.7%，与生物量分配百分比相比，乔木层营养元素占总量的比例有所下降，而灌木层则有所上升，与类型 Ⅰ 营养元素总积累量相比低 55.1%；类型 Ⅲ 营养元素的总积累量为 555.886kg/hm^2，但仍比类型 Ⅰ 总量低 27.4%，由此可见，海桑秋茄人工林生态系统中，混交林无论是在生物量，还是在养分固定和循环上都高于纯林。3 种类型营养元素积累量显示：大量元素积累有着相似的分布规律，即分布次序为 N > K > Ca > Mg > P，其中类型Ⅲ的 K 和 Ca 互换位置，微量元素积累量的分布差异较大，类型Ⅰ、Ⅲ的分布次序均为 S > Mn > B > Zn > Cu，类型Ⅱ的分布次序则为 Mn > Cu > S > Zn > B。

通过对某一人工林营养元素积累和分布的研究，可以确定影响该人工林生态系统的主要营养元素，在此方面获得了一些有价值的结论。对苏南丘陵区主要森林类型养分生物循环的研究表明：杉木、火炬松和次生栓皮栎中，松树养分积累量 N > Ca > Mg > P，杉木林积累的营养元素量依次为：N > Ca > K > Mg > P，而最近一年积累的元素量依次为：Ca > N > K > Mg > P。潘维俦等研究指出，杉木人工林乔木层中 N 的积累比例最高，占整个生态系统 N 储量的 3%，P 占 2%、Ca 占 1%、Mg 占 0.36%，K 的比例最小，说明 N，P 和 Ca 是影响杉木人工林生态系统的主要营养元素。

冯林等通过对落叶松天然林营养元素的积累和分布的研究发现，钙的含量随立地质量降低而降低，N，P 和 K 分布主要集中在皮和根部。各有机质和营养元素在各器官中的分布与林型呈错综复杂的关系，因为林型是立地的综合反映。聂道平对不同立地人工林养分循环的比较发现，林分积累的元素总量是山洼 > 山坡 > 山脊。积累的元素按 Ca > N > K > Mg > P 排序，养分在各器官中的积累，山脊处：叶 > 干 > 根 > 枝 > 果；山坡处：叶 > 干 > 枝 > 根 > 果；山洼处：干 > 叶 > 枝 > 根 > 果。肖祥希通过对马尾松人工林生态系统养分特性的研究发现，不同坡位马尾松乔木层的养分积累量差异显著，坡中部和下部分别是坡上部的 2.58 倍、3.19 倍，坡下部是坡中部的 1.24 倍。不同坡位地上部养分元素积累量：N 的积累量平坡中部和下部分别是坡上部的 2.8 倍、3.6 倍，P 的积累量分别是坡上部的 3.1 倍、3.8 倍，这些值高于生物量的比例，K，Ca 和 Mg 的积累量中部是上部的 2.4 倍，下部是上部的 2.9 ~ 3.0 倍，与生物量的比值基本相同。不同坡位各元素积累量都为 N > P > K > Mg > Ca，N，K 和 Mg 的积累量占地上、地下部总积累量的比例在不同坡位没有显著差异，坡上、中和下 N 的比例分别为 22%、23% 和 24%，K 的比例为 12%、13% 和 13%，Mg 的比例均为 8%，而 P 的比例则是下部 > 中部 > 上部，分别为 14%、13% 和 10%，Ca 与 P 正好相反，为上部 > 中部 > 下部，分别为 7%、5% 和 4%。林分密度会影响林分生产力、林分胸径生长、林分质量和树高生长。

李志辉等通过对巨尾桉人工林营养元素积累、分布和循环的研究发现：单株林木营养元素积累随林分密度的增加而减少，林分营养元素的积累则随林分密度的增加而增加。乔木层营养元素的积累占整个林分养分积累量的 75.3% 以上。各种不同密度的林分均以 N 素积累量最高，K 和 Ca 较高，Cu 的积累量最低；各种元素年积累量以 Ca 为最大，Cu 的年净积累量最小；林分大量元素的吸收量达 351.1961 ~ 373.7767kg/hm²，微量元素吸收量达 15.9549 ~ 18.9697kg/hm²。

2.7.3.3 森林凋落物

在植物—凋落物—土壤森林生态系统的养分循环中，植物群落作为主动因子，从土壤中吸收养分形成有机体，然后养分随死亡的有机体落到地表，并主要以有机体形式归还土壤，凋落物作为养分的基本载体，在养分循环中是连接植物与土壤的"纽带"，因而在维持土壤肥力、促进森林生态系统正常的物质循环和养分平衡方面，凋落物有着特别重要的作用。

国外对森林凋落物的研究极为活跃。我国从 20 世纪 60 年代初开展了此项研究工作，80 年代有较大的发展，王凤友曾对国内森林凋落物的研究做过综述。此后，彭少麟等对森林凋落物动态及其对全球变暖的响应进行了较为全面的概述。潘开文等全面评述了森林凋落物改变林地微生境的效应。至今，森林凋落物的研究主要集中在以下几方面：(1)凋落物的年凋落量、凋落量的动态变化及其组成成分；(2)凋落物的元素含量及年归还量；(3)凋落物的分解；(4)凋落物的生态作用。全球变化中臭氧层的削减导致太阳紫外辐射（特别是 UV – B）的增强，其对生态系统凋落物分解的影响备受人们关注。Gehrke 首次研究了 UV – B 增强对亚北极灌丛植物叶分解的影响，无疑是森林凋落物研究的一个新方向。

因此，今后森林凋落物的研究主要应该为：(1)森林凋落物模型化研究，包括凋落物动态、分解动态模型及地理变异模型；(2)人为控制凋落物分解的措施研究，以解决人工林地力衰退问题；(3)环境污染、全球变暖等胁迫下对森林凋落物影响的研究。

2.7.3.4 养分循环与生物量分配研究

人工林经营关心的是提高森林生产力和使光合作用产物最大限度地转换成市场产品，这是大多数人工林培育实践所追求的目标，森林经营者重视树干或立木材积的增加，树木个体和林分对养分循环变化的反映——碳在地上和地下生物量中分配变化的响应。养分循环、树木生长与碳分配之间存在着相互作用，贫瘠立地常常使碳更多的分配到叶、根、枝而不是干中，输入叶组织的碳明显增加。养分限制强烈地影响氮的分配模式，这种实例可在观测氮和森林生态系统生产力关系时看到。例如，Pastor 等发现不同土壤上顶级森林的地上净生产力与土壤氮的矿化程度相关。氮的有效性指数在一些生态系统预测根生物量和生产力时也是有效的。植物对养分缺乏的适应性反应包括形态和生理适应两个方面，在形态适应方面，植物常常通过调节地上部分和根系间的碳和养分分布，以最大程度地获取限制其生长的养分资源。此外减慢生长速率也是适应养分缺乏的一种调节机制，通过减缓生长速率可以减少植株对养分的需求，以便在低养分供应条件下生存，这一机制也有利于植物度过短暂的养分的缺乏后恢复生长。轻度缺氮会抑制地上部分的生长而促进根系生长，但严重缺氮会导致整个植株生长受到抑制。由于缺氮对根系生长的抑制小于对地上部分生长的抑制，结果会使植株的冠/根比下降。这种碳水化合物分配比例的变化有利于根系的生长，使根系从生长介质中获取更多的氮。

2.7.3.5 林下植被

虽然对森林生态系统养分循环的研究取得了大量的成果，但以往对此方面的研究主要集中在乔木层，对林下植被养分循环的研究不仅少而且简单。现在越来越多的学者认识到，林下植被在森林生物量中占的比重很小，但它对养分循环的作用却不可低估，故为彻底了解森林的养分循环，有必要对林下植被进行研究。大量研究表明，一般情况下，林下植被的化学浓度和生物量归还速率要比乔木层的高，因而认为，林下植被对森林总生产力和生物地球化学循环的作用远比其在生物量方面的作用重要。美国东部北美乔松人工林和阔叶林林分上层和下层植被凋落物的化学组成表明，下层植被的化学浓度均高于上层林木。Yarie(1980)对不列颠哥伦比亚海岸的 3 种亚高山森林生态系统的研究表明：林下植被的凋落物仅占地上部总凋落物的 3% ~ 11%。但它提供的养分却占了很高的比例：N 素占 16% ~38%，P 素占 14% ~35%，Ca 素占 5% ~31%，Mg 素占 19% ~55%，而 Ka 竟占 32% ~90%。

加拿大魁北克省北部地区，黑云杉与地被物苔藓的相互关系尤其引人注目，在这些林分中，苔藓生物量占地上部分生物量的 33% ~50%，每年吸收的 N，P，K，Ca 和 Mg 的数量大约占树木年吸收的 23% ~53%。通过研究这些林分的降水化学组成、苔藓凋落物的分解作用、黑云杉的根生长类型和地被物养分有效性问题，发现苔藓层是林木氮素的主要来源，降水和林分穿透水的氮被苔藓层吸收后，可以保持 1~3 年后才释放出来，释放的氮素通过穿入苔藓层的共生菌根进行吸收。而黑云杉凋落物中 N 大部分是以无机态形式存在，降水通过林冠和苔藓层过滤吸收后，输入的 N 达 9kg/($hm^2 \cdot a$)。苔藓层在此就像一个生物过滤器，从降水和林分穿透水中截取养分，然后再有效地供给林木，因此保护林下植被对林分生产力的发挥是有利的。

3 土壤养分与土壤肥力

土壤养分、土壤微生物和土壤酶是森林生态系统的重要组成成分。土壤养分含量直接影响林木的生长，土壤微生物通过分解动植物残体而参与森林生态系统的物质循环和能量流动，影响着树木的生长发育，是土壤肥力的重要指标之一，而土壤酶参与土壤的许多重要生物化学过程和物质循环，可以客观地反映土壤肥力状况。

3.1 土壤养分

3.1.1 土壤有机质

土壤有机质是衡量土壤肥力的重要标准，在土壤中的功能主要包括：（1）贮存和供应土壤养分，土壤有机质是多种营养元素的源和库；（2）增加土壤的代换性能；（3）为土壤微生物活动提供能源；（4）增加土壤保水性质；（5）缓冲土壤酸碱等化学性质的剧烈改变；（6）稳定土壤结果，改善土壤耕性等。农业生产实践表明：同一类型土壤，其有机质含量在一定范围内，土壤肥力和作物产量将随有机质含量的增加而逐步提高。但值得注意的是，研究分析表明土壤有机质并不是越高越好，特别是对水稻土而言。

农田土壤有机质含量取决于其年生成量和分解量的相对大小，除受各种自然成土因素的制约外，更主要取决于人们所采取的利用方式和管理措施。在自然因素中，土壤质地对有机质含量的影响相对来说较为明显，同一地区同一利用方式下的土壤，质地轻粗者有机质含量常较低，质地粘重者常较高。研究表明，土壤 pH 值也可以影响土壤有机质的含量，土壤 pH 值主要通过影响土壤的微生物活动进而影响土壤有机质的分解矿化，强酸环境抑制微生物活动，而使有机碳的分解速率减小。

3.1.2 土壤氮素

土壤氮素是土壤中最活跃的因素，也是农业生产中最重要的限制因子之一。据报道，世界粮食增产的 50% 左右取决于土壤氮素肥力。土壤供氮能力越强，作物对土壤氮素的依赖性就越强。即使在施用大量氮肥的情况下，作物当季吸收积累的氮素50%以上来自土壤，在有些地区这个数字超过70%甚至90%，可见土壤氮素在植物营养上的重要作用。

土壤对作物氮素的供应能力包括供氮量和供氮进程两个方面。供氮量是种植作物时土壤中速效氮的含量与在作物生长期间土壤所释放氮量之和，由田间无氮区作物成熟时地上部分积累的氮量扣除种子或秧苗中的氮量，在大多数情况下是影响作物产量的主要方面。研究表明，在一年两熟稻麦水旱轮作制下，紫色土平均每年供氮 119kg/hm^2，其中每季小麦可从土壤和环境中吸收氮 28.1 ~ 60.9kg/hm^2，平均 37.1kg/hm^2，每季水稻吸氮 50.4 ~ 102.6kg/hm^2，平均为 81.8kg/hm^2。

供氮进程是在一季作物生长过程中，土壤对作物供应的氮量随时间的变化过程。它决定于作物生长期间土壤有机态氮的矿化，也可能还有一部分来自黏土矿物固态氮的释放。有机氮的矿化量决定于有机氮的含量和生物分解性，以及矿化条件和时间。环境状况、土壤肥力水平、作物吸肥特性、土壤母质类型、利用方式、土壤酸度、施肥等都要影响土壤有机氮的矿化。

3.1.3　土壤磷素

土壤对作物供磷能力最直接的指标不是施磷肥条件下的作物吸磷量。由于肥料中磷在土壤中残效持久，只有从长期未施过磷肥土壤中的作物吸磷量，方可大致估计出土壤的自然供磷能力。党廷辉在黑垆土上试验表明，长期未施磷土壤小麦吸收磷素 5.21 ~ 8.49kg/hm^2，平均 7.31kg/hm^2。索东让等在河西走廊多年多点试验研究表明，供磷力与土壤磷呈正相关，在无肥条件下，土壤的自然供磷能力平均为 9.86 ~ 18.1kg/hm^2，增施氮肥的激发效应平均达到 47.6 ~ 13.4%，且与土壤磷素水平呈负相关。黑色土壤对玉米的供磷能力在不施肥条件下为 49.9kg/hm^2，在氮钾配合施用条件下为 84.2kg/hm^2。王定勇在紫色土壤进行的 10 年定位研究表明，紫色土对一季小麦的供磷量为 2.7 ~ 8.6kg/hm^2，平均为 5.4kg/hm^2，均低于国外报道的其他土壤的供磷能力。

土壤对磷的供应能力，一是决定于土壤溶液中磷的浓度，即强度因素；二是决定于土壤固相补充磷的能力，即缓冲能力，也称之为容重因素。影响土壤供磷力的因素主要包括：土壤有效磷库、酸碱度、有机质、土壤黏粒及矿物组成、土壤氧化还原状况等。但决定土壤供磷能力的根本因素是土壤有效磷库的容量，在不施磷肥的情况下，土壤有效磷浓度下降的速度明显受到土壤有机磷水平本身的控制。

3.1.4 土壤钾素

土壤中的钾可以大致分为溶液钾(一般含量为 1～10mg/kg),代换态(速效)钾(30～600mg/kg),非代换态(缓效态,或固定态)钾(50～750mg/kg)以及矿物态钾(5000～2500mg/kg),这 4 种形态的钾处于动态平衡之中,各形态钾的含量及其相互转化过程决定了土壤的供钾能力。研究表明,在不施钾肥的情况下土壤缓效钾是作物钾素的主要来源。矿物钾对作物吸钾是有贡献的,但其贡献率因土壤不同而有很大的差异,交换性钾、非交换性钾的生物有效性也因土类的不同而有明显的差异,土壤供钾性能随深度的增大而减弱。何天秀等在四川主要土壤上进行的耗竭试验表明,作物吸钾量与土壤速效钾呈显著相关,与缓效钾呈极显著相关;随着作物种植次数的增加,不施钾作物所需的钾来自速效钾的量越来越少,来自缓效钾和矿物钾释放的比例相应增加。

土壤供钾能力的影响因素主要包括:(1)土壤黏土类型、含量;(2)土壤水分;(3)土壤温度;(4)干湿交替;(5)pH 值和施用石灰;(6)施肥条件。王定勇在紫色土上进行的 10 年水旱轮作定位研究表明,紫色土对一季小麦的供钾量平均为 45.9kg/hm^2,对一季水稻的供钾量平均为 102.8kg/hm^2,紫色土每年供钾量为 148.7kg/hm^2,N 及 NP 处理均加剧了土壤钾的耗竭,紫色土对小麦的供钾量随试验年限的延长呈下降趋势,供钾能力由 100% 下降到 10 年后的 85%。尽管水稻吸收的土壤钾远高于小麦,但紫色土对水稻的供钾能力却没有逐年降低,在水稻生长季节土壤钾供应能力历年变化不大,表明水淹能促进钾的释放供应。

3.2 土壤肥力的概念

土壤肥力的概念、内涵和内容经历了较长时间的争论,迄今为止也未能获得统一的认识,但是,土壤肥力作为土壤的基本属性和性质特征是客观存在的,它决定于土壤本身的物质组成和组织状态以及自然条件的影响。

3.2.1 国外研究现状

自李比希发表"化学在农业和植物生理学中应用"以来,欧美的土壤学者多侧重从土壤的植物营养方面探讨土壤的肥力,并以养分多少衡量土壤肥力高低。其中的认识过程是先认为是营养物质,继而发现不同水质的作用不同,从而知道水内的东西和土壤的液汁有用,接着强调腐殖质的作用。这揭开了早期土壤肥力神秘的面纱,促进了农业化学和土壤分析测试技术的快速发展。美国土学会把土壤肥力定义为土壤供应植物所必需的养分的能力，把土壤肥力与土壤中养分含量的多少等同起来。这是土壤肥力各种定义之中最简明的定义。

苏联土壤学家提出土壤肥力是"植物生长过程中，土壤同时不断地供应最高水分和养分的能力"，提出土壤肥力是一种"能力"的概念。苏联学者较多地从土壤腐殖物质及其组分、土壤团聚体特性方面研究土壤肥力，拓宽了土壤肥力研究的视野。日本学者倾向于欧美观点，如冈岛秀夫认为土壤肥力是土壤满足植物对水和养分要求的能力，其着重点是土壤本身的特性。金野隆光认为土壤肥力包括两层含义，即生产力(生产生物量的能力)和抵抗能力(对低温、过湿、干旱等不良条件的抗御能力)。培肥的目的，不仅在于提高土壤为植物生长提供必需的水分和养分的能力，更重要的是在于提高土壤对不良外界条件的忍受和抵抗能力。

3.2.2 国内研究现状

我国土壤肥力研究历史悠久，如春秋战国时期就提出根据颜色和质地对土壤肥力综合评价的创举。自20世纪50年代以来，通常用"水、肥、气、热"来表达土壤肥力，后又用"吃饱、喝足、住得舒服"来形容。由于缺乏严格的科学定义以及定量化的指标，土壤肥力的概念在一定程度上仍停留在感性认识阶段。事实上，人们通过不断地扩展土壤肥力的外延，丰富其内涵，并将地貌、水文、气候、植物等环境因子以及人类活动等社会因子作为土壤肥力系统的组成部分。如20世纪40年代后形成的土体—植物—环境整体性土壤肥力的概念，已与土地生产力的概念接近。

土壤肥力的概念由于学者从各自研究的范围和内容出发，各有侧重，对于"土壤肥力"这样一个难下定义的概念，同时存在着几种不同的看法和几个不同定义的现实情况，不但符合客观实际，也是可以理解的。

郑顺安认为土壤肥力是环境条件和营养条件两方面供应和协调作物生长发育的能力，是土壤物理、化学、生物等性质的综合反映。朱祖祥认为土壤肥力至少应包括养分和水分。周鸣铮认为土壤肥力有"广义"和"狭义"之分；水、肥、气、热互相协调为土壤肥力的广义范围，而养分肥力及其因子则为其狭义范围。二者似可同时存在，并不互相矛盾。较广义的观点的优点在于把土壤肥力看得更全面，土壤肥力确实涉及到很多因素，它们是土壤肥力工作者不得不考虑和研究的。较狭义的观点，抓住了"土壤养分"这一土壤肥力的核心问题。土壤肥力的测定仍然以养分肥力及其因子测定为主(此时并非把水、肥、气、热诸因子的协调程度置于不顾，而只是暂时把其他因素放在合适条件之下)，这导致"土壤肥力可测"，也正是由于蓬勃发展起来的土壤养分肥力的测定与研究，才奠定了土壤肥力研究的基础，进而用来规范"测土施肥"或"土壤营养诊断"等工作。

侯光炯提出了土壤"生理性"概念和土壤肥力的"生物—热力学"观点。他把土壤看作是一种类生物体，是一种类似蛋白质的无机物、有机物、微生物和酶组成的复合胶体。随环境的变化，土壤也产生有节奏的相应变化，并且具有明显的生理功能(机制)，具体表现在土壤代谢功能和自动调节热、水、气、肥四因素的功能。在土壤肥力实质和综合性表征方面既重视"内三稳"(即土壤内部腐殖质含量和品质、表土中有益微生物区系组成和各类微生物数量、土壤微结构的数量和品质的经久稳定)，又强调"外三稳"(即大气层热水动态周期性变化、植被层热水动态周期性变化、土壤内部水平—垂直方向范围内热水运动周期性动态变化的稳定)。

陈恩风认为土壤肥力的研究包括土壤肥力物质基础(即有机矿质复合体)、土壤植物营养及土壤生态条件3个方面。初步认为土壤对营养物质的吸储和释供能力及其协调状况是影响土壤肥力的主要因素，提出土壤中特征团聚体组成及其比例可作为土壤肥力的综合性指标。黎孟波和张先婉提出了土壤肥力的逻辑模式，试图系统地区分土壤肥力、土壤肥沃度、土壤生产力、土地生产力等概念的不同内涵与外延，也提出了用系统论、控制论、信息论和耗散结构理论研究土壤肥力的一些观点，以及土壤肥力的生产性、持续性和均衡性观点。

根据我国目前对土壤肥力的认识，土壤肥力即土壤的本质属性，土壤的物理、化学和生物等性质的综合反应，表现为对植物生长所需的水、肥、气、热的供应和协调能力。

3.3 土壤肥力影响因素研究

3.3.1 母质对土壤肥力的影响

母质是土壤形成的物质基础，并对土壤属性有很大的影响。不仅土壤的矿物来源于母质，土壤有机质中的矿质养分也主要来源于母质。母质是土壤演化发生的起点，不同母质因其矿物组成、理化性质不同，在其他成土因素的制约下，直接影响着成土的速度、性质和方向。不同母质发育形成不同的土壤类型，其物理化学性质及对植物生长的影响往往存在很大的差异。研究表明，母质对土壤物理性质如土壤质地、土层厚度、水分特性、土壤团粒结构等影响较显著；在土壤化学性质方面，母质对土壤 pH 以及全钾和全磷的含量也有较大影响，特别是在紫色土研究方面，发现紫色土不仅在颜色、物理性质及矿物组成上继承其母岩的特性，肥力也表现为母质特性，母质对紫色土肥力影响很大。

3.3.2 地形对土壤肥力的影响

土壤肥力的核心即是土壤养分含量，而地形主要从两个方面对土壤养分含量进行影响。首先，地形影响着成土过程，不同的地形部位常常分布着不同母质，母质不同势必要导致原始土壤的养分含量的差异，进而加大其空间异质性。其次，由于地形的差异，导致土壤水热条件和植被的不同，进而影响养分在土壤中的积累和分解，同时还可能发生地表的水土流失。坡地在成土过程中养分的积累本身就有了差异，开垦为农田后，水土流失又进一步导致养分的迁移，加剧空间异质性。

近年来，许多学者研究了地形因素对土壤水分、水土流失、土壤肥力因子、土壤侵蚀、土壤物理性质等方面的影响；吕贻忠等对鄂尔多斯夏初不同地形土壤水分的空间变异进行了研究；赵文武等对陕北黄土丘陵沟壑区地形因子与水土流失进行了相关性分析；郭胜利等研究了半干旱区流域土壤肥力因子特征及其与地形、植被等方面的关系，研究表明，地形对土壤的养分含量的影响十分显著；邱扬等研究了黄土丘陵小流域土壤侵蚀的时空变异及其影响因子；柳云龙等进行了红壤地区地形位置和土地利用方式对土壤物理性质的影响研究程先富等研究了土壤中全氮含量与海拔、坡向的关系，结果表明二者存在着正相关关系。

在丘陵区，研究不同地形部位对土壤肥力的影响对于防止土壤侵蚀、水土流失具有重要的意义。Campo 分析了墨西哥热带森林不同地形下土壤养分的有效性和流失情况；Clark 等分析了原始森林和热带雨林下土壤侵蚀与坡度的关系；陈庆瑞等对四川盆地丘陵区不同台位旱坡耕地土壤养分的分布规律进行了研究；胡学玉等对湖北棕红壤丘陵区不同地形部位及利用方式的土壤养分状况进行了研究。以丘陵区作为研究对象，其丘体的不同位置(丘体上部、丘体中部、丘体下部)对土壤的物理、化学性质有较大的影响，特别是对该区域的水土流失和土壤侵蚀有重要的意义。

3.3.3 土地利用方式对土壤肥力的影响

随着社会经济的发展与人口的增长，人口、资源、环境之间的矛盾日显突出，土地资源的优化与可持续利用，以及土地利用与土地覆被的变化等逐渐成为研究的热点之一。土地利用变化可以改变土地覆被状况并影响许多生态过程，如生物多样性、地表径流和侵蚀、土壤环境等。合理的土地利用可以改善土壤结构，增强土壤对外部环境变化的抵抗力，不合理的土地利用会导致土壤质量下降，增加土壤侵蚀，降低生物多样性。土壤养分是自然因子和人为因子共同作用的结果。土地利用，作为人类利用土地各种活动的综合反映，和土壤养分有着密切的联系。土地利用变化可以引起地表植被的变化、地表反射率的变化、影响植物凋落物和残余量、也影响着土壤微生物的活动，土地利用变化通常也会引起土壤管理措施的改变，这些变化都会引起养分在土壤系统的再分配。

许多研究已经表明了上地利用变化对土壤性质的影响。高雪松等对四川盆地中低山区不同土地利用方式与坡位土壤物理性质及养分特征进行了分析。王洪杰等对小流域尺度土壤养分的空间分布特征及其与土地利用的关系进行了探讨。史学正等对四川紫色土区不同土地利用方式下土壤表层及剖面养分的分布特征进行了研究；傅伯杰研究了黄土丘陵小流域土地利用变化对水土流失的影响。龙健等对贵州中部岩溶丘陵区的不同土地利用方式对土壤肥力的影响做了研究；张燕等对苏南地区不同土地利用方式下农地土壤侵蚀与养分流失进行研究。此外，不同利用方式对紫色土团聚体形成、山地土壤团粒结构、土壤质量、生态环境、水土流失等方面的影响已有大量的研究。

3.4　土壤肥力质量的概念

土壤肥力质量的概念与内涵是随着时代变化而发展，它并非一个新名词，同时，随着科学技术水平的提高而它的内涵也在不断深化。不同土地利用方式下的土壤适宜性，有可能是最早和提及最频繁的土壤肥力质量概念，它主要是基于农业作物的产量和品质所提出的，相对于人体健康提出了土壤健康（soil health）这一概念，主要强调的是土壤生产性能，一般为从事农学的专家和农户及大众媒体所熟知，随着土壤科学的发展，土壤学科学家、环境方面的专家更偏向于采用土壤肥力质量（soil quality）这一名词来代替土壤健康。

20 世纪 70 年代初，土壤肥力质量这一名词首次出现在有关土壤学文献上，并频繁被引用，并于 20 世纪末本世纪初成为了国际土壤学研究热点。美国分别在 1992 年和 1993 年连续 2 年召开了关于土壤肥力质量问题的学术研讨会，并在 1995 年出版了《土壤肥力质量与持续环境》专著，专著的重点在于确定土壤肥力质量的定义、确立土壤肥力质量的指标和指出土壤生物学指标对土壤肥力质量的重要意义。

土壤肥力质量定义是由美国国家研究委员会于 1993 年给出的（（National Research council，1993）定义为：土壤肥力质量是土壤"调节外部环境影响和土壤生态系统的能力"；美国土壤学会给出的定义与前者稍有差异（Madison，1995）定义为：土壤肥力质量是"在人工或自然生态系统中，土壤维持植物和动物某种特定的生产力、提高和保持水质和空气质量、支撑人类健康与生活环境之能力"，但是有一些学者对以上概念也提出很多质疑。随着土壤科学的发展，近年来随着对土壤肥力质量的概念进一步深化，认为土壤肥力质量不能单纯局限于土壤的生产能力，把食物质量与安全、人类与动物和植物健康以及生态环境质量等问题均归入了土壤肥力质量范畴。但由于争议较多，对于土壤肥力质量定义的看法仍未达成一致。目前，得到国内外土壤科学家普遍认可的土壤肥力质量的定义是 Parki and Doran 等从环境质量、生产力和动物健康 3 个方面提出的，认为土壤肥力质量是："土壤在生态系统闭值范围内，能保持生物生产力、维持生态环境质量，能促进植物与动物健康，而不发生土地退化及和其他生态环境问题之能力"。

我国学者对土壤肥力质量的认识相对较晚，通过多年的研究和实践，对土壤肥力质量的概念做了多学科的考虑，指出土壤肥力质量应定义为："土壤是土壤特定或综合功能的体现，是指土壤维持其固有的生产力、对人类和动植物健康所具有的保障能力，是指在由土壤所构成的生态系统中，土壤维持生态系统生产力、人和动植物健康而自身并不发生退化，同时不产生其他生态和环境问题的能力"；也有人认为土壤肥力质量是："土壤能够保持生物生产的土壤环境质量、保障生态安全和持续利用的土壤肥力质量，同时也包括土壤中与人、动物健康密切相关的功能元素及其有机、无机有毒物质含量的土壤健康质量的综合度"。我国土壤科学界根据中国土壤科学的实践，主要参考了国际土壤科学联合会常务秘书长 Blum 等教授阐述的土壤应该所具备的六大功能，在 Parkin and Doran 给定的定义基础上，为土壤肥力质量的学术性定义为：土壤肥力质量是指土壤在特定的生态系统内所能提供生命必需养分与物质的能力、降解、净化、容纳污染物质和保持生态平衡的能力、促进和影响动物、植物及其人类生命健康和安全能力的综合量度。总之，土壤肥力质量是由土壤环境、土壤肥力和土壤健康质量 3 个既相互联系、又相对独立成分的综合集成，因此，土壤肥力质量是土壤维持生物生产、净化环境和促进动植物和人类健康能力的 3 个组分的集中体现，是现代土壤学研究的热点，这是当前土壤学界较为全面的土壤肥力质量概念。土壤环境质量是土壤吸收、容纳和降解土壤环境中有关污染物质的能力；土壤能提供植物养分与生物物质的能力则是土壤肥力质量；而土壤促进和影响人类和动物、植物健康的能力则是土壤健康质量。从评价土壤肥力质量的实践角度出发，又可以将它简单地归并为土壤环境质量和土壤肥力质量两部分，从而将土壤健康质量部分包含于土壤环境质量当中，从而更便于阶梯形评价体系(背景 – 沾污 – 污染)的建立。

综上所述，土壤肥力质量是由土壤中很多物理的、化学的和生物学的性质，包括形成这些性质的许多重要过程的综合体，它既注重作物的生产能力和环境的保护效应，也强调食物的安全性能和动植物健康状态。

3.5 人工林地土壤肥力质量研究现状

3.5.1 国外研究现状

土壤质量变化规律、评价体系及预测模型等相关技术的研究是国外现代土壤学研究的热点，也是各国政府非常关注的问题，尤其是土壤质量变化机理、动态、时空分布规律、未来变化预测以及恢复重建对策，已成为 21 世纪国内外研究的热点问题之一。土壤质量指标和定量化的评价方法在北美及欧洲的一些国家已取得了许多重要进展。

在传统林业经营模式—以木材收获为中心思想的森林土壤研究中，往往关注土壤支持林地生产的容量，但目前的森林经营理念是维持森林可持续经营。从这一角度出发，对林地土壤的经营实践，不仅局限于森林生产力的维持，还必须考虑森林生态系统功能的发挥，也就是要研究土壤的特征和过程。在经营健康的森林过程中，仅关注土壤的理化性质是不够的，需引入土壤质量概念，且森林土壤质量是可持续性发展的重要指标。

其实 Conry 和 Clinch 早在 1989 就提出土壤质量的评价不仅局限于传统的农作物，也与森林物种有关，在土壤质量概念的发展中也注意到了森林土壤的特殊功能。一些学者认为山地土地利用显著地影响土壤质量，土壤质量可以用土壤生物、化学和物理特征的相对变化来确定。但由于森林土壤生态系统中人为的干扰程度以及利用的方式不同、森林土壤的空间变异性复杂以及土壤的特征状况与土壤功能的实现有时出现矛盾，因此，对土壤质量的研究一定要谨慎，由此看来，对森林土壤的质量评价中，对指标的选取是非常复杂的。

国外的诸多研究探讨了林业生产实践过程对评价指标的演变的影响。如 Staddon 研究了皆伐、皆伐后火烧、皆伐后松土和非皆伐样地等不同林地处理措施对土壤微生物多样性的影响。研究表明，用梭酸做碳源时，皆伐后松土 4 年后，生物的功能多样性低。皆伐与皆伐后火烧相比，后者会降低土壤微生物功能的多样性。施用肥料和除草剂会显著地降低土壤微生物多样性的水平。实行短轮伐期集约经营的人工林，土壤微生物多样性的水平低于草地，二者又低于成熟的红松林。林地中的木材收获以及森林采伐区放牧也会影响土壤的质量，如 Krzic 等研究了干扰对半干旱放牧场和栎树林对有机碳、全 N 和微生物呼吸的影响等。

　　许多学者还非常关注土壤有机质指标。如 Hajabbase 研究表明，森林被砍伐和连续的耕作几乎会使土壤有机碳减少 50%，从数量的角度研究了不同森林破坏后有机质指标的变化，但更多学者关注不同来源或形态的有机质对生产管理措施的影响。有学者认为只有不稳定态的有机质，如土壤颗粒有机碳（Particulate Organic Matter，POM）才能对不同的土地利用以及经营方式的变化迅速作出反应。Wonprasaid（2003）认为活性有机质比总有机质对土壤经营敏感。Saviozz 等通过对农耕地、森林和天然草原土壤质量的比较，认为有机碳和水溶性有机碳对土壤经营措施的变化敏感，并提出了可用于指示土壤耕种以及不同干扰程度的指标主要包括有机碳、水溶性碳、以及土壤生物学指标如蛋白酶、脲酶、葡糖苷酶以及水解系数等。Dela Horra 研究认为，葡糖苷酶对土壤经营措施的响应比蛋白酶敏感。在意大利，传统的土壤质量评价依赖土壤物理、化学和微生物指标。但研究表明，土壤节肢动物对土壤经营实践过程比较敏感，且与土壤功能的发挥相一致，因此土壤节肢动物类型指数，作为土壤生物学质量的指标。

　　综上所述，国外土壤质量的研究比较注重对森林经营或不同土地利用下土壤生物学以及有机质组分指标的研究，尤其注重对森林实践的探索。

3.5.2　国内研究现状

　　我国关于人工林地土壤质量变化的研究开始于 20 世纪 50 年代的阳含熙，60 年代的冯宗炜等，近年来，许多学者对人工林地力变化开展了广泛的研究，他们研究的结果和国外的"下降论"观点基本一致，认为人工林长期经营会导致地力的不断下降。盛炜彤在《人工林地力衰退研究》一书中汇集了关于人工林地力衰退的原因及防治技术措施的研究成果，涉及的主要树种包括：杉木、桉树、杨树、落叶松和马尾松，研究结果显示，这些人工林都不同程度地存在着林地土壤退化，生产力持续下降的趋势。

　　有关南方红壤地区杉木连栽引起的地力衰退问题，许多学者也对此进行了研究。首先是杉木人工林生产力下降的问题，不同地方的许多学者对此进行了研究，连栽可导致杉木生产力下降。研究发现，不论是树高或胸径生长量都明显地呈现出随连栽次数的增加而递减的趋势，多代连栽对不同发育阶段杉木人工林生产力也有较大影响，随栽植代数增加，不同发育阶段杉木林平均木生物量、林分生物量及林分净生产力均呈逐代下降趋势，表现为 1 代 > 2 代 > 3 代。多代连栽导致了杉木人工林生产力的明显衰退（范少辉等，2003；陈龙池等，2004）。

　　连栽还导致杉木人工林土壤物理化学性质的恶化和衰退。对于不同栽植代数、不同发育阶段、不同立地条件下的杉木人工林，研究表明，连栽导致了杉木林地土壤肥力的明显下降，随栽植代数增加，不同发育阶段杉木林林地水稳性团聚体、非毛管孔隙、毛管孔隙、田间持水量、毛管持水量、最大持水量及土壤各项养分含量均呈下降趋势，而土壤结构体破坏率和容重却呈增加趋势，林地肥力朝不利方向发展（马祥庆等，2000；陈龙池等，2004）。杉木人工林在营林初期土壤表层的土层厚度、有机质、全 N 量、碱解 N、速效 P、交换性 K、CEC、BS、pH 均处于最高水平，在 5~8a 的幼林期内大幅度下降，并下探至谷底，其后随树龄的增加或缓慢回升，或保持在一个较低的平台上。随着林龄的增加土壤全 P 和全 K 量没有明显的变化。说明种植杉木人工林从营林初期到幼林阶段土壤肥力质量是不断下降的，随后随着林木的生长，肥力质量逐渐回升，但是即使到了主伐期土壤质量性状仍远低于初始的水平（吴蔚东等，2001）。杉木纯林有机质含量和质量均低于混交林，且随栽植代数的增加有机质含量和质量呈下降趋势，林地土壤肥力下降（王清奎等，2004）。

另外，杉木连栽还能够影响土壤微生物的种类和数量以及土壤的生化活性。杉木连栽导致了土壤微生物的种类和数量逐渐减少，随着微生物数量的减少，其氨化、固氮和纤维素分解等生化活性也大大被削弱（Chen C Y et al，1990），同时，随着栽植代数增加，土壤酶活性也不断降低。土壤微生物和土壤酶在土壤养分的转化过程中起着非常重要的作用，它们的降低必然影响了土壤中养分的转化和土壤有效养分的含量，从而使得杉木生产力下降（陈龙池等，2004）。面对杉木人工林引起的地力衰退和林分生产力下降的事实，越来越多的学者从理论与实践的结合上探讨地力下降的成因和防治的对策，其中以针叶树和阔叶树混交的举措最具代表性。研究者认为针阔混交能增加林地凋落物总量，增加微生物数量，加快凋落物分解速度，改善土壤理化性质，提高土壤肥力和促进林分生长（白尚斌等，2001；程国玲等，2001；吴蔚东，2000；杜平等，1999；陈立新等，1998；丁宝永，1989；徐光辉，1984）。在连栽后的杉木林地上营造杉阔混交林，土壤水分状况、孔隙状况、养分状况要优于继续营造杉木纯林（林同龙，2000）。针阔混交能提高地力，保持地力无机营养元素动态平衡。

土壤质量演变机理及调控土壤质量相关技术的研究是国内现代土壤学研究的热点。我国开展了对红壤的质量演变规律、形成机理、评价标准与指标体系等问题的研究，并取得了初步成果（王效举等，1997；赵其国，1995；赵其国等，1997；孙波等，1995；孙波等，1997a；孙波等，1997b；孙波等，1999）。例如，邹连敏（2000）论述了土壤质量退化的影响因素；王效举应用地理信息系统和数据库技术，并引入相对土壤质量指数，建立了土壤质量信息系统（QYZSQIS）和土壤质量变换的评价模式，研究了亚热带小区域水平上土壤质量时空变化的定量化评价（王效举等，1997）。孙波研究了红壤退化中的土壤质量评价指标及评价方法，建立了南方红壤区土壤肥力数据库，初步提出了土壤肥力退化评价指标体系，进行了土壤肥力退化评价（孙波等，1995；孙波等，1995）。阙文杰根据地区土壤的特点，选取了对植物生长发育影响较大的几个因素：土壤微生物数量、土壤酶的活性、土壤养分（土壤有机质、全氮、速效磷、速效钾、阳离子交换量及 pH），构成土壤质量评价指标体系，并进行了综合质量指数的计算与分级（阙文杰等，1994）；2001 年张学雷利用数据源 SOTER 数据库和有属性数据库连接的 SOTER 图斑对海南岛土壤质量进行了定量化评价；2000 年中国科学院南京土壤研究所主持"土壤质量演变规律与持续利用"973 项目，旨在研究我国代表性耕地土壤质量的演变机理、时空分异规律与定向培育理论、土壤圈层界面物质交换对土壤质量与动植物健康的影响机制、土壤质量指标的表征理论和方法。

对我国土壤质量的评价目前还存在很多不足。第一，土壤质量演变是土壤性质在时间上的动态，只有通过两个或多个时段土壤性质的差异，才能真正阐明土壤变化的实质与机理。以往区域水平土壤变化评价方面的研究未能真正体现出时间上的变化，影响了评价的精度和对土壤退化机理与过程的深入了解。第二，评价指标偏重于土壤化学和物理性质的评价，缺乏完善的生物学评价指标。第三，对农业土壤变化规律、形成机理与评价体系以及预测预报比较多，对森林土壤质量尤其是人工林不同发育阶段土壤质量变化规律、评价指标体系与预测预报的研究进行得比较少。

3.6 人工林土壤肥力质量评价

3.6.1 土壤肥力质量评价研究现状

针对要评价某一研究的土壤肥力质量应该由该土壤预期的土地利用类型、固有属性和管理目的共同决定。Warkentin（1995）认为评价土壤肥力质量的基础是土壤功能，土壤肥力质量是指在某特定区域的条件限制下，土壤功能是否发挥最优；他同时把土壤功能概括为：土壤组成部分中的有机物质再循环并释放出养分，同时螯合成新的有机物质；保蓄表层土壤流失和下渗的降水；保持所栖息地的土壤孔隙组成、表层和孔隙中水气相对压力的多样性；维持栖息地的原状、抗水蚀、风蚀的能力和缓冲湿度、气温的剧烈变化与降解有毒物质的能力；水分和养分的不断贮存与持续释放；能量在土壤表层的分配。Doran（1994）认为土壤的主要功能包括：一、生产力，即土壤提高植物和动物生产力的能力；二、环境质量，即土壤缓解环境污染物与病菌损害的能力；三、动物健康，即土壤肥力质量决定动物和植物及其人类健康的能力。

因此,土壤肥力质量评价是把土壤各方面的功能综合起来,涵盖保持生物生产力、保持环境质量以及维持动植物健康的特性,同时根据所知的土壤基本外部性质对土壤内在属性进行量度。

郑昭佩(2003)认为当前土壤肥力质量评价工作还无明确的标准和固定的评价法则,相对来说非常复杂。在评价土壤空气质量和土壤水分时,单依靠分析土壤中的某些污染物富集的浓度和在某些环境过程中对土壤空气和土壤水的影响就可达到土壤肥力质量评价目的而进行土壤肥力质量评价时,由于土壤类型变化多样、各种类型土壤中组成成分也千差万别,同时土地利用方式也各有千秋,很难简单地依靠几个土壤环境指标来评定质量优劣,就是同一种土壤,会因土壤不同功能或生产而表现出的土壤品质的优劣也可能相差很大,因而没有明确的标准与固定的评价方法。

Karlen 和 Doran(1997)等指出土壤肥力质量评价应当把土壤功能作为基础,着重于一个明确的系统内,土壤一种特定功能的完善程度。由于土壤在各生态系统中所表现出的功能不一,如城市与工业生产中的各种污染物的副产品城郊土壤的净化器功能,而草原、森林生态系统的立地条件等功能,因土壤表现出的功能差异,作为土壤肥力质量评价亦难以提出统一的标准。Sims(1994)等提出以一个未污染的土壤肥力质量作为判断标准,称之为清洁土壤,然而,除了几种单以一非生物物质外,洁净土壤目前是无法定义的。自然土壤产生的、土壤因过滤介质了环境中捕捉的及其人类生产活动产生的有毒物质和重金属都会导致土壤不洁净,从而不能作为质量判断标准。

综上所述,土壤肥力质量评价应该综合考虑土壤所发挥的独特功能与土地利用类型,而且,评价土壤肥力质量的指标体系也应该因地区不同、土壤种类不同而有所变化。

3.6.2 人工林土壤肥力质量评价研究现状

人工林地土壤质量的评价大多采用农业用地的评价方法,缺乏与林木生产力的联系。土壤质量指数提出较早也是目前使用较多的一个人工林地综合土壤质量评价的方法之一,它是一个多变量模型,综合测定与根系相关的土壤物理和化学属性,根系分布在一个没有对其限制的理想土壤之中,作为判断其他人工林地土壤的基础。易志军等(2002)认为一个基本特征是做出与土壤生产力和林木生长相关的土壤属性的满足曲线。这种指数的困难点是如何准确把预测的和实际的根系情况联系起来,进而把它们与林木生长和林分生产力相连。

Burger and Kelting(1998)对土壤质量指数的概念进一步发展,提出了森林尤其是人工林土壤质量指数模型，这也是一个多变量模型，把影响林分生产的一系列土壤质量属性建立规范的满足曲线，土壤质量模型指数范围从 0 到 1，1 为树木生长的理想状态。然后与林分生产力相联系，即把林分生产力指数与坡度、坡向和气候的满足值相乘得到林分生产力指数。困难处是精确地把它与在各种立地下测定的林分生产力相连，尽管理论上成立，但实践中费用很高，模型也过于复杂。Powers(1998)等提出了三个土壤质量指标系列作为人工林地土壤质量评价的方法：(1)综合土壤质地、结构和湿度，反映土壤硬度的物理指标；(2)综合有机质量、微生物活力，反映实验室精细测定的养分指标；(3)与物理化学土壤属性有关，综合土壤有机物活力，反映土壤动物区系的生物指数。这些指标的阈值标准与林木的生长和生产力相关，用于评价人工林地土壤质量，但要建立具体立地的基准条件，定期取样检测土壤质量的变化。

尽管提出评价土壤质量的方法很多，然而在人工林地如何把土壤属性的量同林木生产力相联系，特别是在空间范围内，建立简单、经济、有效的可测定指标和评价方法之前，还有相当大的研究工作要做。可以预测，未来的人工林地土壤质量的评价将由生物量生产、土壤属性和功能的测定等多方面来决定。

3.6.3 土壤肥力质量评价方法

国外学者对土壤质量评价方法开展的研究很多，目前，土壤质量评价中还不存在标准的量化评价方法，但是在研究中已经存在一些评价体系。对于土壤肥力质量的评价，早期的评价方法大多人为划分土壤肥力评价指标的数量级别以及各指标的权重系数，然后利用简单的指数和或指数积合成一个综合值来评价土壤肥力的高低。这些方法受人为主观因素的影响很大，其评价结果的准确性很大程度上取决于评价者的专业水平，因此也称为半定量式评价。近年来，土壤质量指数法(也称土壤综合质量指数法)、相对土壤质量指数法、动力学方法、综合评分法、多变量指标克里格法(MVIK)、多元统计分析等数学方法被研究者引入土壤肥力的综合评价中。随着研究的逐渐增多和深入，地统计学、模糊数学理论和灰色系统理论应用于土壤肥力质量评价中，产生了地统计学法、模糊变权评价法和灰色聚类法，后来基于人工神经网络的土壤肥力质量评价也出现了。

地理信息系统(GIS)以地理空间数据库为基础，综合地图、表格、图形、图像、文字等，采用地理模型分析方法，提供多种空间和动态的地理信息，在土壤资源的研究中得到了广泛的应用。许多学者已经运用 GIS 研究土壤肥力时空变异规律，不仅得到土壤肥力的变化特点，还借助 GIS 的绘制功能获得相应的图件，取得了很好的效果。

相对土壤质量指数法是土壤肥力质量评价的常规方法，它可以根据不同地区的不同土壤来确定理想土壤，以此作为参照来评价土壤的相对质量，这样更为合理。卢铁光等运用基于相对土壤质量指数法对富锦市的土壤质量变化进行了评价与分析。

模糊数学综合评判法充分利用了土壤肥力质量评价中所存在的模糊性特点，同时充分考虑了评价因素指标值、评价因素权重和评价因素间交互作用对土壤肥力质量的共同影响，然而，模糊数学在综合分析土壤肥力质量时由于只考虑到了极值的作用，从而造成有用信息的丢失，因此，评价结果主要受控于个别参数。灰关联评价模型用于土壤肥力质量的评价是通过将各评价单元按土壤肥力质量排序，再根据关联度的大小给出各单元的质量等级。该方法没有用到各评价因素的评价标准，只用到各因素的原始量化值，无需确定对各指标的权重，减少了主观因素的影响，但是，在评价中，评判结果的分辨率往往较低。

地统计学方法主要运用在土壤肥力质量的时空变异的评价中，许多学者对不同尺度和不同地形下土壤性质的时空变异进行了研究。傅伯杰等采用地统计学的半方差函数对黄土高原小流域土壤养分的空间异质性进行了定量研究；孙波等运用地统计学分析了低丘红壤肥力的时空变异；另外还有许多研究者运用地统计学分析研究了有关土壤特性的时空变异问题。最近几年的研究表明，地统计学在土壤性质的时空变异方面的研究显示出巨大的优越性，与传统的统计学相比，它能够对研究对象的空间格局进行检验、模拟和估计。

神经网络是由大量的神经元广泛互连而成的网络，它通过大量的神经元的简单处理构成非线性动力学系统，对人脑的形象思维、联想记忆等进行模拟和抽象，实现与人脑相似的学习、识别、记忆等信息处理能力。人工神经网络 AN (Artificial Neural Net Works) 始于 20 世纪 40 年代，随着电子计算机的发展，在 80 年代迅速兴起，近十年在国际上掀起了第二次研究高潮，在多个领域如人工智能、信号处理和模式识别等方面的研究取得了重大的成果。人工神经网络是通过模仿人脑的神经元结构和功能设计而形成的一种信息处理系统。它不仅能模拟非线性的输入输出关系，还能自动调整其内部连接权向量去匹配输入输出响应关系，可以充分利用已经积累的各种资料，以非线性表示系统输入和输出。BP 算法是人工神经网络中应用最广泛的一种模型，目前已经在函数逼近、模式识别、分类和数据压缩等多个领域得到了应用。杨压等作了 BP 网络在预测土壤 pH 值中的应用研究；王志良等研究了 7 神经网络在土壤养分流失预测中的应用；楼文高运用人工神经网络对三江平原的土壤质量进行了综合评价，并建立了预测模型；另外一些学者运用人工神经网络对土壤重金属、土壤水分、土壤侵蚀等方面进行了研究。人工神经网络是一种新的数据处理方法，与传统的方法相比，其具有很多优势：模糊的数据和数据本身非线性，需要决定的模式特征不明确；并且还具有大规模并行处理、分布式储存、自适应性、容错性等特点；在解决非线性问题时，具有分析过程简便、模型建立迅速、大规模并行处理、预测精度高等优势。近年来，国内学者对土壤肥力质量的评价指标、评价方法作了大量的研究，取得了很多的成果。人工神经网络 BP 算法在土壤学科上已得到了广泛的应用，目前的研究主要集中在土壤侵蚀、土壤重金属以及预测土壤含水量和养分的流失等方面，对于运用此方法综合评价土壤肥力质量的还较少。

3.6.4 土壤肥力评价指标选择

3.6.4.1 土壤物理指标

土壤物理状况及过程通过影响根系生长、水分、养分的保持与供应、气体的交换、土壤化学性质以及有机物质的积累而显著地影响着树木的生长与分布。目前常用的评价土壤健康的物理学指标包括：土壤容重、土壤孔隙度、土壤自然含水量等。林地的一些经营措施如采伐木材时的作业机械、幼林的抚育等都会显著地影响土壤结构体和土壤的孔隙状况。

土壤容重不仅是衡量土壤紧实度和孔隙度的指标，而且在质量与体积及面积的转换、土壤水分、持水特征研究以及水分、沉积物质和养分的运移模型都是一个必要指标。因此，土壤容重在土壤质量的评价中是一个非常重要的指标。在森林土壤尤其是山地土壤中，石砾含量会影响到有效土层的厚度和土壤容重大小，也是影响土壤其他物理指标和植物生长的重要因子。

研究表明，土壤非毛管孔隙占土壤容积的比例，即非毛管孔隙度在 20% ~ 40% 之间时，对植被生长较有利；当非毛管孔隙度小于 10% 时，土壤便不能保证通气良好，若非毛管孔隙度小于 6%，则许多植物不能正常生长。同时，非毛管孔隙为土壤水分的暂时贮存提供了空间，这种贮存水对植物的生长和森林阻延洪水，从而防治山洪的作用都极为重要，因此在森林土壤涵养水源能力的研究上，非毛管孔隙度是一个重要的评价因子。对于按传统方法计算总孔隙度，刘多森提出了自己的看法，测定容重的同时，与其以测定饱和水代替测定总孔隙度，不如以容重测定值和当地土壤比重估计值(例如苏南地区水稻土比重估计值为 2.69)计算出总孔隙度更为简易，而且误差更小。如将此总孔隙度减去重力水占据的孔隙度，即可得到毛管孔隙度。彭达在对广东省林地土壤非毛管孔隙度的研究中认为，在不同林地类型中的分布具有一定规律，其中不同的纬度、母岩、海拔、树种、坡度等，对土壤非毛管孔隙度的分布有明显规律性，而不同的坡向、坡位和土层厚度，其土壤非毛管孔隙度的分布没有明显规律性。

　　杜娟通过对西安地区大量土壤样品采集、室内水分测定、对极端降水前后不同植被下 0～6m 土壤水分含量及其水分恢复进行了研究，结果表明，杨树林、法国梧桐林和中国梧桐林下大约 1.5～4m 深度范围内土壤含水量分别为9.3%，9.0% 和 9.7%，土壤干层已存在，干层厚度约 2.5m。麦地和草地下 0～6m 未出现土壤干层。丰水年极端降水后土壤干层消失，水分得到很好的恢复，原来的土壤干层所在层位恢复后的水分含量明显高于其上部和下部。汤勇华研究认为，不论是火力楠纯林还是火力楠杉木混交林，林地的土壤水分物理性状均明显优于造林前迹地，通过火力楠造林后，沿海贫瘠山地的水土流失状况得到一定程度的控制，土壤物理性状得到明显的改善。特别是营造火力楠混交林后，其土壤容重比造林前的迹地下降了 7.6%，而土壤最大持水量、毛管持水量、田间持水量、毛管孔隙、非毛管孔隙及通气度等分别比杉木一代迹地提高了 12.2%、20.1%、32.2%、9.8%、36.7% 和 45.3%。可见，闽东沿海山地通过营造火力楠后，林地土壤变得较为疏松，土壤通气性能得到明显的改善且水分容蓄能力大，这有利于降水的渗透和火力楠根系的生长。

3.6.4.2　土壤化学指标

　　土壤化学性质涉及了土壤固相和液相的无机反应和十分复杂的土壤生物化学过程，目前，在土壤质量研究中所采用的指标主要是：土壤有机质、土壤 pH 值、全 N、全 P、全 K、土壤速效 N、P 和 K 含量等。

　　土壤有机质的积累是一个漫长的过程，虽然仅占土壤总量的一小部分，但它通过提供植物所需营养、影响团聚体的形成及特征、影响土壤缓冲性等，显著地影响着土壤的物理和化学特征。有学者把土壤有机质比喻为维持土壤发动机的燃料，土壤中有机体的生存大部分要依赖于作为能量来源的有机质。现今学者们已经意识到土壤有机质能直接影响着土壤的功能和过程，其含量的高低与土壤质量和土壤生产力的持续发展有密切联系。土壤中 pH 值大小取决于土壤固相和液相之间的平衡，它影响着矿物的风化、离子交换过程中离子的分布、铝的活性以及微生物的区系组成、土壤养分的有效性等，另外，土壤 pH 值也影响着植物的生长和分布，是反映土壤化学性状重要的指标。但土壤酸度容易受环境变化的影响，而且其测定过程与多因素有关，因此，测定结果的不确定性较大，很难用土壤酸度来表示土壤对酸的敏感性。

　　土壤化学指标中的 N、P 和 K 含量等，主要涉及土壤的养分状况，这些指标是衡量植物生长所需营养元素的功能指标。周群通过研究认为苏州市城市边缘带全 N 与土壤有机质含量显著相关，也属空间强变异。全 P 表现出空间极强变异特征，局部区域表层土壤 P 素聚集现象明显，反映出外源 P（施肥、污染）的影响强烈。表层土壤全 K 空间变异特征明显弱于全 N、全 P，主要体现为土壤发生学特征上的差异。与全量养分相比，表层土壤速效养分表现出更强的空间变异性，土壤肥力这一普遍特点在城乡交错带地区表现更加突出，反映出城乡交错带土壤资源利用的多样性以及农业人为活动对土壤肥力特征的强烈影响。

3. 6. 4. 3 土壤生物指标

土壤中的生物是维持土壤肥力的重要组成部分，土壤生物学性质能敏感地反映出土壤肥力健康的变化，是土壤肥力评价不可缺少的指标，生物学指标包括土壤生长的植物、土壤动物、土壤微生物，其中应用最多的是土壤微生物指标。利用土壤酶活性评价干扰对土壤肥力影响时，需要与参照系或特定地区状况进行比较。为简化评价步骤，合理评价某个时刻的土壤肥力，有些研究者提出了综合指标，如生物肥力指标、酶数量指标、水解系数指标等，以对酶活性作出评价。对于土壤肥力的酶活性指标，目前研究的重点是寻找一个相对或统一的指标，它不需要通过时间上的多次测定或在处理间的比较来作解释，统一指标应当是土壤生物学、化学和物理学重要参数的综合。

3.7 城乡交错带土壤肥力质量研究

国内外对于城市与农村土壤都有一定的研究，城乡交错带多是关于土地利用规划方面的研究，但从土壤肥力质量的角度研究较少。秦明周利用修改的内梅罗公式对开封市城乡交错带不同土地利用方式下的土壤肥力质量进行了评价，并与1982年的土壤普查结果作比较，探讨了其动态变化。有关土壤环境质量方面，王艳等对沈阳城乡结合部的重金属分布有一定研究。有关土壤质量评价方面，研究最多的是土壤肥力质量评价，土壤环境质量的评价有许多研究开始涉及，而土壤健康质量评价少之又少。

4 林下植被与土壤的关系研究

林下植被的存在，增加了土层中主要营养元素及有机质含量，促进了林地养分的有效化，同时，林下植被还对林地有改良作用，主要是通过其根系的活动，枯落物的分解，直接增加了土壤中有机养分和无机养分的含量，并在数值上与林下植被盖度大小密切相关。

马雪华等认为林下枯落物对土壤含水率有影响；何艺玲研究表明林下植被在增加林地的有机质、改良林地养分状况方面有着积极的作用，适当的林下植被应该是利大于弊的。在竹林经营中，恢复和保持林下植被的生长的技术对于竹林的持续生产力的实现可能是十分重要的。

杨承栋认为在中国亚热带杉木人工林地上，林下植被对改善土壤物理化学和生物特性（地力）的效果显著；陈建宇的研究表明林下植被，尤其是灌木的生长，具有降低土壤容重的作用；另外土壤硬度过大，会妨碍林木根系的正常生长，即使土壤中有丰富的营养元素，也难以吸收和利用，降低了林地的生长力。林下植被的存在还影响了土壤的孔隙度，可以降低土壤中大孔隙、中孔隙率和土壤硬度。林下植被发育好的林地，其土壤的渗透能力比林下植被少的或几乎为裸地的林分强。因此，林下植被的生长和林下覆盖物对林下的土壤物理性质有重要的影响。盛炜彤认为杉木人工幼龄林到中龄林发育阶段的土壤物理性变劣，土壤密度提高，土壤毛管持水量和非毛管孔隙度下降。

李东海等对儋州市东成镇的7个不同类型的桉树（*Eucalyptus sp.*）人工林和一个马占相思林（*Acacia mangium*）林下的土壤含水量、土壤温度、土壤容重、土壤坚实度（硬度）以及土壤的机械组成等5个土壤物理指标进行研究。结果表明，有林下植被的桉树人工林地的土壤含水量比无林下植被的桉树人工林地的高出 $11.2 \sim 62.9 \mathrm{g} \cdot \mathrm{kg}^{-1}$；同一样地内，有枯枝落叶覆盖物的土壤含水量平均比没有枯枝落叶覆盖物的土壤含水量高 $27.6 \sim 38.2 \mathrm{g} \cdot \mathrm{kg}^{-1}$；有林下植被的桉树人工林地土壤温度比无林下植被的桉树人工林地和空旷弃荒地低，但却比无林下植被、树冠大、荫蔽度大的马占相思林地的高。有林下植被的桉树人工林地的土壤硬度要比无林下植被的桉树人工林地、马占相思林地和空旷弃荒地的小 $5.49 \sim 18.76 \mathrm{kg} \cdot \mathrm{cm}^{-3}$。林下植被覆盖率高的桉树人工林地，其容重比有林下植被的桉树人工林地、无林下植被的桉树人工林地、马占相思林地、牧草实验地

样地小 $0.33 \sim 0.48 g \cdot cm^{-3}$，这说明桉树人工林下植被和枯枝落叶是影响土壤含水量、土壤硬度、土壤温度、土壤容重等土壤物理性质的重要因子。因此，为了有效改善桉树林的立地条件以及能更好地经营桉树人工林，在种植桉树后，确保适度桉树人工林下植被的生长和保留枯枝落叶覆盖物来改善土壤物理性质是很重要的。

近年来，林下植被对土壤营养元素的影响开始受到重视，林下植被通过根系代谢活动，枯落物分解，能直接增加土层中主要营养元素及有机质含量，增加腐殖质全 C 量的含量和胡敏酸总 C 量及胡敏素含 C 百分率，特别是对 $0 \sim 5cm$ 土层养分含量影响较为明显，并在数值上与林下植被盖度大小密切相关。杨承栋等研究表明在 16 地位指数的杉木林中，有机质水解 N、速效 K、Ca 和 Mg 在 $5 \sim 15cm$ 土层有明显的增加；在 $14 \sim 18$ 地位指数的杉木林下，林下植被盖度为 $60\% \sim 79\%$ 的样地比 $20\% \sim 39\%$ 的样地细菌数量增加了 $3.7\% \sim 124.6\%$，放线菌增加了 $19.66\% \sim 71.05\%$，真菌增加了 $15.35\% \sim 125.73\%$；在三种指数的杉木林里，磷酸酶的活性在林下植被盖度大的样地比林下植被盖度小的样地提高了 $14.98\% \sim 62.5\%$，转化酶相应提高了 $12.5\% \sim 62.76\%$，多酚氧化酶提高了 $7\% \sim 20.77\%$，脉酶提高了 $3.95\% \sim 42.55\%$，过氢氧化酶提高了 $17.14\% \sim 43.77\%$；林下植被的发育增加了腐殖质全 C 量的含量、胡敏酸总 C 量及胡敏素的百分含量，提高幅度分别为 $19.0\% \sim 45.52\%$，$16.74\% \sim 33.76\%$，$20.67\% \sim 58.69\%$。

林开敏等研究了杉木林下植物与土壤肥力的关系，结果表明土壤有机质、全 N、全 P、水解 N 和速效 P 的含量基本上呈现出随林下植物覆盖度的增加而增加的趋势，这说明林下植物具有促进营养元素在地表富集的作用。盛炜彤等认为林下植被的存在，增加了土层营养元素及有机质的含量，促进林地养分的有效化，同时，郁闭度 0.7 的林分中，林下植被发育迅速，间伐 $4 \sim 5$ 年后，每公顷生物量可达到 $4 \sim 5t$，有效地提高了土壤中营养元素含量，增加了土壤中 3 大类微生物数量，有效地维护和恢复了土壤功能。姚茂和报道，不同林下植被类型，其生物量存在明显差异；但林下植被养分含量却十分丰富，甚至高于乔木层，而且植被具有拦截和过滤地表径流，减少林地水土流失的作用，同时，人工林林下植被参与林分养分循环，可增加主要土层中的有机质。4 年生混交林凋落物干重比纯林多 31% 以上，混交林桉树年龄的增加，枯落物及返回土壤养分的增加，桉树林地土壤肥力亦有不同程度的提高。

俞元春调查分析了江西中部低山区不同林下植被类型(芒萁型、蕨类型和灌木—芒萁型)对杉林土壤有效态微量元素(硼、钼、铜、锌、铁和锰)状况的影响，指出该地区森林土壤为硼、钼、铜和锰缺乏区，锌潜在缺乏区，铁富集区；

与芒萁型林下植被相比，蕨类型林下植被使杉木幼林土壤有效态硼、钼、铜和锌在土壤表层(0~6cm)发生富集，但表下层含量则趋于降低；对于杉木成林，蕨类型林下植被土壤微量元素状况明显优于芒萁型林下植被。低地位级的杉木幼林通过人工整枝等抚育措施，可促进林下植被的发育，使土壤表层有效态锌、锰含量增加，但同时使土壤表层有效态硼、钼、铜等含量降低，且将更加缺乏。这些研究结果都表明，林下植被在森林生态系统的养分循环、维持和提高地力等方面都具有重要的生态意义。

5 研究区概况和研究方法

5.1 研究区概况

5.1.1 长沙市概况

5.1.1.1 自然地理

长沙市位于湖南省东部偏北,湘江下游,东西长约 230km,南北宽约 88km,东接浙赣,西引川黔,北控荆楚,南领桂粤,素有"荆豫唇齿,黔粤咽喉"之称。地势南高北低,丘涧交错、红岩白沙,地貌基本为山地、丘陵、岗地、平原各占四分之一。土质多为弱酸性地带红壤和河流冲积土,肥沃适耕,土地利用以林地和水田为主,林地占 51.65%,耕地占 28.38%。长沙气候属东亚季风湿润气候,气候温和,雨量充沛,雨热同期,四季分明,年均气温 16.8℃~17.3℃,无霜期年均 275d,日照时数年均 1677.1h。水资源丰沛,湘江由南向北纵贯长沙市境约 75km,汇入洞庭湖,境内有大小 15 条支流汇注,其中较大的有浏阳河、捞刀河、靳江、沩水,水资源总量达 808 亿 m^3,人均水资源占用量达到 3600m^3,高于全国人均水资源占有量 2220m^3。

5.1.1.2 社会经济

长沙市的经济区位优势明显,既是内陆通向两广和东部沿海及西南边陲的枢纽地带,又是长江经济带和华南经济圈的结合部,具有与两大经济区域进行密切经贸合作的得天独厚条件。近年来,长沙已成为支撑沿海、沿江开发地区的后方基地和促进内地和西部开发的先导城市,成为省内、西南邻省及粤港地区的资金、产品、技术、信息、人才等生产要素输出的主要聚集地之一,在全国经济战略布局中,发挥着承东启西、联南接北的重要枢纽作用。

2009 年,长沙实现地区生产总值(GDP)3744.76 亿元,比上年增长 14.7%,增速不仅位居全省各市州前列,在全国省会城市中也排名前五位。分产业看,第一产业实现增加值 179.40 亿元,增长 6.5%;第二产业实现增加值 1893.58 亿元,增长 16.3%,其中工业实现增加值 1554.54 亿元,增长 17.5%;第三产业实现增加值 1671.78 亿元,增长 13.9%。长沙 GDP 总量在全省的占比为 29%,比上年提高 2.1 个百分点,人均 GDP 为全省的 2.8 倍,经济总量在长株潭三市中的占比达 68.0%，比上年提高 2.3 个百分点。全年地方财政收入 406.07 亿元，比上年增长 18.7%，其中财政一般预算收入 246.33 亿元，增长 19.8%。财政一般预算支出 314.08 亿元，增长 20.5%。按常住人口计算，人均 GDP 达 56620 元，同比增长 13.7%。

2009 年末长沙市常住总人口 664.22 万人，比上年增长 0.86%。全年城镇居民人均可支配收入 20238 元，全年农村居民人均可支配收入 8986 元，农民人均纯收入 9432 元。

5.1.1.3 森林资源

据统计，2010 年，全市总面积 1182800.0hm^2，其中林业用地 615615.4hm^2，占土地总面积的 52.05%，有林地面积 563899.9hm^2，森林覆盖率 53.35%。全市活立木总蓄积量 23092505m^3，其中乔木林蓄积量 22013543m^3，占活立木总蓄积量的 95.33%；疏林蓄积量 14503m^3，占活立木总蓄积量的 0.06%；散生木蓄积量 462481m^3，占活立木总蓄积量的 2.00%；四旁树蓄积量 601978m^3，占活立木总蓄积量的 2.61%。

2009 年城市林业生态圈建设共投资 9512 万元，营造林 25.78 万亩，新建成城市林业生态圈面积 3320 亩，城市新增绿地面积 441.36hm^2，其中新增公园绿地 176.9hm^2；扩建和新建了 3 个义务植树基地，植树 8 万余株。城市建成区绿化覆盖率达到 42.21%，绿地率提高到 40.68%。长沙先后获得"国家森林城市"、"国家园林城市"、"全国绿化模范城市"等荣誉称号。

5.1.2 实验地概况

实验地位于长沙市南郊，系湖南省林科院实验林场，面积 265hm^2。所在地的地理坐标为北纬 28°05′，东经 112°59′，属低山岗地地貌，地势平缓，海拔 60～100m，坡度一般为 10°～15°。气候属于大陆性湿润季风气候，四季分明，具有"春温多变，夏秋多晴，严寒期短，暑热期长"的特点，年平均气温 17.5℃，一月平均气温 4.6℃，七月平均气温 28.6℃，历史上绝对最高温度达 43℃，绝对最低温度 -10.4℃，最高温度在 35℃以上的天气有 30～45d，最低气温在 0℃以下的天气有 20～37d。雨量充沛，光热充足，年平均降雨量 1378mm 左右，多集中在 4～7 月份，占全年降雨量的 60%～80%。年平均相对湿度 81%，多年平均日照时数达 1814.8h，全年无霜期 275d。冬季多偏北风，夏季多偏南风，平均风速为 3m/s。土壤为第四纪网纹层母质发育酸性红壤或砂岩红壤，土层深度 80cm 左右，质地较粘，土壤中石砾含量约 10%，酸性强，有机质少，富铁铝，但缺少养分，肥力低。研究区分别与长沙奎塘办事处的月塘村、大塘村，洞井乡的板塘村、牛头村，黎托乡的边山村、候照村相邻，地处长沙、湘潭、株洲三城市交通要道连接汇合处的三角地带，与岳麓山遥相对应，是长沙市城乡交错带不可再生的一块绿洲，其特殊的地理位置，使得森林生态系统的研究意义更大。

植物区系主要以樟科、壳斗科、山茶科、金缕梅科、山矾科等科的种类为主。区域的地带性植被为常绿阔叶林，原生植被很少，现状植被主要为人工针阔混交林和少量纯林，主要针叶树种有马尾松、杉木、湿地松、火炬松，主要阔叶树种有檫树、枫香、油茶、板栗、木荷、樟树、枳木等树种，还有红檵木、杜鹃等灌木树种。研究区森林覆盖率为86.2%，马尾松人工林面积最大，占总面积的27.9%，其次是樟树人工林占23.6%、次生常绿阔叶林占12.6%、落叶阔叶林占8.1%、次生针叶林占7.7%、苗圃占0.90%、火烧迹地占0.79%、湿地松人工林占0.31%面积最小。

5.1.3 实验林概况

5.1.3.1 实验样地基本情况

本研究综合考虑研究区林分的坡度、坡向、林木发育阶段、密度等因素，共在长沙市城乡交错带选取了湿地松林、杉木林、樟树林和枫香林4种典型的中龄人工林作为研究对象，每种林分在具有代表性的地段分别设置3块面积为20m×30m的标准地，并记录各林分标准地的坡度、坡向、坡位等地形因子，同时对标准地内胸径≥5cm的乔木每木检尺，并记录植物的种名、胸径、树高及生长状况。各林分类型实验样地的基本情况如表5-1所示。

表5-1　各林分类型实验样地基本情况

林分类型	样地编号	坡向	坡位	坡度/°	年龄	平均胸径/cm	平均高/m	平均冠幅/m×m	郁闭度
湿地松林	1–1	W	中	15	18	15.9	9.4	3×2.7	0.7
	1–2	W	上	15	18	15.7	9.3	2.9×3.2	0.7
	1–3	SW	上	20	18	15.4	10.6	1.5×2.2	0.8
杉木林	2–1	E	中上	26	16	15.7	11.6	2.4×2.4	0.7
	2–2	NE	中	26	16	13.5	11.4	2.1×2.4	0.7
	2–3	SE	中上	25	16	16.4	12.0	1.7×2.8	0.7
樟树林	3–1	SE	下	10	16	12.0	9.8	2.9×3.0	0.9
	3–2	SE	中下	10	16	12.5	10.0	1.9×2.5	0.9
	3–3	SE	中下	10	16	12.7	9.8	1.9×2.6	0.9
枫香林	4–1	SE	下	10	18	10.4	8.8	2.6×3.0	0.8
	4–2	SE	中	10	18	10.8	9.1	2.4×2.8	0.8
	4–3	W	上	10	18	11.0	8.8	2.2×2.7	0.8

5.1.3.2 林分结构特征及乔木层物种多样性

各林分类型的乔木层物种组成、物种多样性及径阶株数密度分布分别见表 5-2，表 5-3 和表 5-4。

表 5-2 各林分类型乔木层的物种组成

林分类型	植物名称	种类
湿地松林	冬青（*Ilex chinensis* Sims）、湿地松（*Pinus elliottii* Engelmann）、四川山矾（*Symplocos setchuensis* Brand）、苦槠［*Castanopsis sclerophylla*（Lindl. et Paxton）Schottky］、石栎（*Lithocarpus pasania*）、泡桐（*Paulownia australis* Gong Tong）、桂花（*Osmanthus fragrans*）、樟树［*Cinnamomum camphora* (Linn.) Presl］、杉木［*Cunninghamia lanceolata*（Lamb.）Hook.］	5
杉木林	杉木［*Cunninghamia lanceolata*（Lamb.）Hook.］、樟树［*Cinnamomum camphora* (Linn.) Presl］、檫木［*Sassafras tzumu*（Hemsl.）Hemsl.］、枫香（*Liquidambar formosana* Hance）、栲树（*Castanopsis fargesii* Franch.）	5
樟树林	樟树［*Cinnamomum camphora*（Linn.）Presl］、檫木［*Sassafras tzumu*（Hemsl.）Hemsl.］、四川山矾（*Symplocos setchuensis* Brand）	3
枫香林	枫香（*Liquidambar formosana* Hance）、樟树［*Cinnamomum camphora*（Linn.）Presl］、木荷（*Schima superba* Gardn. et Champ.）、马尾松（*Pinus massoniana* Lamb.）、油茶（*Camellia oleifera* Abel.）、四川山矾（*Symplocos setchuensis* Brand）、毛叶木姜子（*Litsea mollis* Hemsl.）、山矾（*Symplocos sumuntia* Buch. – Ham. ex D. Don）、栲树（*Castanopsis fargesii* Franch.）、石楠（*Photinia serrulata* Lindl.）	10

表 5-3 各林分类型乔木层的物种多样性指数

林分类型 \ 指标类型	种数	个体数	R	H	D	J	E	C
湿地松林	9	185	1.5325	1.3901	0.6107	0.6327	0.2730	0.3893
杉木林	5	261	0.7188	0.5276	0.2685	0.3278	0.2692	0.7315
樟树林	3	289	0.3530	0.4230	0.2361	0.3850	0.6568	0.7639
枫香林	10	297	1.5807	0.8887	0.4811	0.3860	0.1869	0.5189

备注：R 为丰富度指数；H 为 Shannon – Wiener 多样性指数；D 为 Simpson 多样性指数；J 为 Shannon – Wiener 均匀度指数；E 为 Simpson 均匀度指数；C 为生态优势度指数。

表5-4　各林分类型乔木层的径阶株数密度分布

径阶株数密度 林分类型		6	8	10	12	14	16	18	20	22	24	>26
湿地松林	湿地松	11	6	6	11	28	44	111	78	94	117	111
	其他树种	200	94	56	11	6	22	6	0	0	0	6
杉木林	杉木	22	89	161	183	228	239	161	44	61	28	11
	其他树种	0	6	11	28	17	11	39	28	17	17	28
樟树林	樟树	239	256	233	189	233	156	67	11	0	0	6
	其他树种	0	0	6	6	0	11	22	61	33	44	28
枫香林	枫香	17	106	328	239	156	178	61	11	0	0	0
	其他树种	178	272	89	17	6	0	0	0	0	0	0

5.2　研究方法

5.2.1　野外调查与采样

5.2.1.1　物种多样性调查

采用样地调查法，对各林分类型分乔木、灌木、草本三层进行调查。各种林分分别按坡位设置面积为 $600m^2$（$20m \times 30m$）的大样方 3 个，对乔木层进行每木检尺，记载种类、胸径、树高、冠幅；在各大样方内设置中样方 5 个，面积为 $25m^2$（$5m \times 5m$），调查和记录灌木层植物的种名、个体数、覆盖度和高度；在每个大样方内随机设置小样方 5 个，面积为 $1m^2$（$1m \times 1m$），调查和记录草本层植物的种类组成、个体数（丛数）、覆盖度和高度。

5.2.1.2　林下植被和枯落物层生物量的调查

记载每个小样方内所有林下植被的种类，采用直接收获法实测灌木层、草本层鲜重，即伐下样方内所有植物，将灌木分为根、茎、叶，草本植物分为地上部分和地下部分进行实测称重，然后将同类的相同器官混合抽取样本。凋落物分未分解层、半分解层和已分解层三层称重并采集样本带回实验室。将所有样本在 80℃ 恒温下烘至恒重，求出样本的含水率和干重。

5.2.1.3　林地土壤调查与采样

在对不同林分内的植被、坡形和坡位进行详细了解的基础上，在每个标准地内按上坡、中坡和下坡各挖 2 个采样点，分别挖掘土壤剖面，剖面位置的选择一般距树基约 0.5~1.0m，沿等高线进行挖掘。主要剖面规格为：宽度 0.8~1.0m，深度到达母质层止。除主要剖面外，还挖掘两个次要的剖面，用来检查主要土壤剖面的代表性。

每个剖面按 0~20cm，20~40cm，40~60cm 三个层次取土。土壤容重、孔隙度以及自然含水率的测定样本用环刀法采集，测定土壤有机质、养分的样本，分三层用布袋采集，每个样地设 3 次重复。将土壤样品带回实验室，风干，过筛保存待测。

5.2.2 实验分析

5.2.2.1 植物样品分析

植物样品经 80℃烘干至恒重，测定含水率，计算干物质生物量。用于植物养分分析的样品按常规分析方法分析灌木层(分根、茎、叶)、草本层(分地上部分和地下部分)和林地枯落物(分 L 层、F 层、H 层)中的 N、P、K、Ca、Mg、Cu、Fe、Zn、Mn、Co、Ni、Pb、Cd 中的浓度，并计算平均值。

全 N 用半微量凯氏法测定；

全 P 用氢氧化钠碱熔法提取待测液，用钼锑抗比色法测定；

全 K 采用氢氧化钠碱熔法提取待测液，用火焰光度计法测定；

Ca、Mg、Cu、Fe、Zn、Mn、Ni、Pb、Cd(均为全量)用 HP3510 原子吸收分光光度计测定。

5.2.2.2 土壤样品分析

(1)土壤物理性质指标的测定方法

土壤容重和自然含水率用环刀法测定；

土壤总孔隙度依据土壤容重和土粒密度计算得出；

毛管孔隙度采用环刀水浸法测定，非毛管孔隙由总孔隙度和毛管孔隙度计算得出。

(2)土壤化学性质指标的测定方法

pH 值采用酸碱度计(1∶2.5 土水比)测出；

土壤有机质用外热重铬酸钾氧化—容量法测出；

土壤全 N 用半微量凯氏法；

土壤速效 N 采用半微量凯氏法；

土壤全 P 用氢氧化钠碱熔法提取土壤待测液，用钼锑抗比色法测定；

土壤速效 P 采用 NH_4F-HCl 提取土壤样品后，用钼锑抗比色法测定；

土壤全 K 采用氢氧化钠碱熔法提取土壤待测液，用火焰光度计法测定；

土壤速效 K 采用中性醋酸钠提取土壤样品后，用火焰光度计测定；

Ca、Mg、Cu、Fe、Zn、Mn、Co、Ni、Pb、Cd（均为全量）用 HP3510 原子吸收分光光度计测定。

（3）土壤酶活性指标的测定方法

土壤脱氢酶采用氯化三苯基四氮唑（TTC）还原法测定；

土壤过氧化氢酶采用高锰酸钾滴定法测定；

土壤脲酶采用氨释放量蒸馏滴定法测定；

土壤磷酸酶采用对硝基苯磷酸盐法测定；

纤维素酶采用葡萄糖氧化法测定。

（4）土壤肥力质量综合评价方法

土壤肥力是包括诸多土壤因子的综合性指标，仅靠几个独立指标难以综合反映土壤肥力水平的高低。为了比较全面客观地反映土壤肥力状况，土壤学界提出了许多土壤肥力综合评价方法，但这些方法各有其优点和不足，因此未能很好地广泛使用。本文采用主成分分析法和修正的内梅罗（Nemoro）综合指数法对 4 种林地土壤肥力进行综合评价。

5.2.3 物种多样性计算

群落的物种多样性具有三种涵义：物种丰富度是指一个群落或生境中，种的数目的多寡；物种均匀度是指一个群落或生境中全部种的分配情况，它反映了物种组成的均匀程度；而物种的总多样性则是上述两种涵义的综合。森林群落的物种多样性必须分空间层次才能比较。

物种多样性的测度选用丰富度、物种多样性指数和均匀度指数 3 类测定指标，分别是 Margalef 指数 R、Shannon – Wiener 多样性指数（H）、Simpson 多样性指数（D）、Shannon – Wiener 均匀度指数（J）、Simpson 均匀度指数（E）、生态优势度（C）等，计算公式如下：

丰富度指数 R：

$$R = (s-1)/\ln(N) \tag{1}$$

式中：S 为样地的物种数；N 为所有物种的个体数之和。

Shannon – Wiener 多样性指数 H：

$$H = - \sum Pi \ln Pi , \quad Pi = \frac{Ni}{N} \tag{2}$$

式中：H 为 Shannon – Wiener 物种多样性指数；N 为各样地中所有种的总个体数；Ni 为第 i 个种的个体数；Pi 为第 i 个种的个体数的比例，下同。

Simpson 多样性指数：

$$D = 1 - \sum_{i=1}^{s} Ni(Ni - 1) / [N(N - 1)]$$

Shannon 均匀度指数 J：

$$J = H/\ln s \tag{3}$$

式中：J 为均匀度；H 为 Shannon – Wiener 多样性指数。

Simpson 均匀度 E：

$$E = N(N/S - 1) / \sum_{i=1}^{s} [Ni(Ni - 1)] \tag{4}$$

生态优势度 C：

$$C = | \sum Ni(Ni - 1) | / [N(N - 1)] \tag{5}$$

式中：C 为优势度指数（Simpson）。

5.2.4 数据分析

实验数据处理和图表绘制采用 Excel 软件；数据统计、方差分析、相关性分析、主成分分析、差异显著性检验等采用 SPSS13.0 软件。

5.3 技术路线

本研究的技术路线如图 5-1 所示。

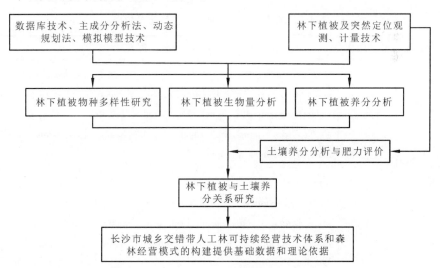

图 5-1 技术路线

6 长沙市城乡交错带典型人工林林下植被物种多样性分析

随着城市化、工业化进程的加快和世界人口的增长，生物多样性的损失越来越严重，并成为维持人类可持续发展所面临的最大威胁之一。一直以来，生物多样性保护和可持续利用研究成为众多生态学家研究的热点问题。森林生态系统具有高生物多样性的特点，维护生物多样性是森林生态系统的重要功能之一，也是森林可持续发展内容。人工林在为人类提供木材等工业产品及原料中发挥了积极的作用，但过去由于对林下植被的认识不足或存在偏见，导致人工林生态系统的土地严重退化，林下植被物种多样性下降，已严重制约了人工林的可持续发展以及经济、生态和社会效益的充分发挥。

6.1 不同林分类型林下植被的植物科属组成

湿地松人工林、杉木人工林、樟树人工林和枫香人工林 4 种典型林分林下植被的植物科属组成见表 6-1。

表 6-1 不同林分类型林下植被的物种组成

林分类型	群落层次	植 物 名 称	种类
湿地松林	灌木层	大青(*Clerodendrum cyrtophyllum* Turcz.)、栀子(*Gardenia jasminoides* Ellis)、满树星(*Ilex aculeolata* Nakai)、短柄枹栎[*Quercus serrata* Murray var. brevipetiolata (A. DC.)]、芬芳安息香(*Styrax odoratissimus* Champ. ex Bentham)、樟树[*Cinnamomum camphora* (L.) Prest]	6
	草本层	狗脊蕨[*Woodwardia japonica* (L. f.) Sm.]、阔鳞鳞毛蕨[*Dryopteris championii* (Benth.) C. Chr.]、蕨(*Pteridium aquilinum* Kuhn. var. latiusculum Underw)、淡竹叶(*Lophatherum gracile* Brongn.)、芒萁[*Dicranopteris dichotoma* (Thunb.) Bernh.]	5
	小 计		11

续表

林分类型	群落层次	植 物 名 称	种类
杉木林	灌木层	青冈栎 [Cyclobalanopsis glauca (Thunb.) Oerst.]、大青 (Clerodendrum cyrtophyllum Turcz.)、栀子 (Clerodendrum cyrtophyllum Turcz.)、四川山矾 (Symplocos setchuensis Brand)、小果蔷薇 (Rosa cymosa Tratt.)、油茶 (Camellia oleifera Abel.)、樟树 [Cinnamomum camphora (L.) Prest]、算盘子 [Glochidion puberum (Linn.) Hutch.]、格药柃 (Eurya muricata Dunn)、菝葜 (Smilax china Linn.)、落萼叶下珠 [Phyllanthus flexuosus (Sieb. et Zucc.) Muell－Arg.]、野鸦椿 [Euscaphis japonica (Thunb.) Dippel.]、豆腐柴 (Premna microphylla Turcz.)、盐肤木 (Rhus chinensis Mill.)、山矾 (Symplocos sumuntia Buch.－Ham. ex D. Don)、香花崖豆藤 (Millettia dielsiana Harms)	16
	草本层	阔鳞鳞毛蕨 [Dryopteris championii (Benth.) C. Chr.]、狗脊蕨 [Woodwardia japonica (L. f.) Sm.]、鸡矢藤 [Paederia scandens (Lour.) Merr.]、淡竹叶 (Lophatherum gracile Brongn.)、铁线蕨 (Adiantum capillus－veneris Linn.)、美洲商陆 (Phytolacca Americana Linn.)	6
	小 计		22
樟树林	灌木层	黄檀 (Dalbergia hupeana Hance)、栀子 (Gardenia jasminoides Ellis)、樟树 [Cinnamomum camphora (L.) Prest]、山矾 (Symplocos sumuntia Buch.－Ham. ex D. Don)、大青 (Clerodendrum cyrtophyllum Turcz.)、枸骨 (Ilex cornuta Lindl. et Paxt.)、菝葜 (Smilax china Linn.)、金竹 [Phyllostachys sulphurea (Carr.) A. et C. Riv]、冬青 (Ilex chinensis Sims)、四川山矾 (Symplocos setchuensis Brand)、华山矾 [Symplocos chinensis (Lour.) Druce]、小腊 (Ligustrum sinense Lour.)、山莓 (Rubus corchorifolius L. f.)、牡荆 [Vitex negundo Linn. var. cannabifolia (Sieb. et Zucc.) Hand.－Mazz.]、金樱子 (Rosa laevigata Michx.)、小果蔷薇 (Rosa cymosa Tratt.)、盐肤木 (Rhus chinensis Mill.)、油茶 (Camellia oleifera Abel.)	18
	草本层	阔鳞鳞毛蕨 [Dryopteris championii (Benth.) C. Chr.]、淡竹叶 (Lophatherum gracile Brongn.)、芒萁 [Dicranopteris dichotoma (Thunb.) Bernh.]、狗脊蕨 [Woodwardia japonica (L. f.) Sm.]、鸡矢藤 [Paederia scandens (Lour.) Merr.]、一枝黄花 (Solidago decurrens Lour.)	6
	小 计		24

续表

林分类型	群落层次	植 物 名 称	种类
枫香林	灌木层	栲树（*Castanopsis fargesii* Franch. ）、算盘子［*Glochidion puberum*（Linn. ）Hutch. ］、黄檀（*Dalbergia hupeana* Hance）、栀子（*Gardenia jasminoides* Ellis）、四川山矾（*Symplocos setchuensis* Brand）、油茶（*Camellia oleifera* Abel. ）、毛叶木姜子（*Litsea mollis* Hemsl. ）、大青（*Clerodendrum cyrtophyllum* Turcz. ）、臭辣树（*Evodia fargesii* Dode）、山苍子（*litsea cubeba* Pers. ）、樟树［*Cinnamomum camphora*（L. ）Prest］、枸骨（*Ilex cornuta* Lindl. et Paxt. ）、木荷（*Schima superba* Gardn. et Champ. ）、白背叶［*Mallotus apelta*（Lour. ）Muell. Arg. ］、华山矾［*Symplocos chinensis*（Lour. ）Druce］、青灰叶下珠（*Phyllanthus glaucus* Wall. ex Muell. Arg）、满树星（*Ilex aculeolata* Nakai）、长叶冻绿（*Rhamnus crenata* Sieb. et Zucc. ）、豆腐柴（*Premna microphylla* Turcz.)	19
	草本层	阔叶山麦冬（*Liriope platyphylla* Wang et Tang ）、淡竹叶（*Lophatherum gracile* Brongn. ）、苔草（*Carex tristachya sp.* ）、阔鳞鳞毛蕨［*Dryopteris championii*（Benth. ）C. Chr. ］、狗脊蕨［*Woodwardia japonica*（L. f. ）Sm. ］	5
	小 计		24

备注：1. 灌木层的物种多样性以 5 个 5m×5m 样方的和计算；2. 灌木层植物包括幼树（3m 以下）和灌木植物；3. 草本层的物种多样性以 5 个 1m×1m 样方的和计算。

由表 6-1 可知，湿地松林分林下植被植物种类数最少，只有 11 种，杉木林分林下植被种类为 22 种，枫香林分和樟树林分的林下植被种类均为 24 种，显然就这 4 种林分林下植被植物种类而言，杉木林、樟树林和枫香林 3 种林分林下植被的种类数目非常相近且显著大于湿地松林分。

这 4 种林分的灌木植物种类数量，除湿地松林分的灌木植物种类只有 6 种，表现为较少外，其余三种林分的灌木植物种类都比较多，杉木林分为 16 种，樟树林分为 18 种，枫香林分为 19 种。由此可见，湿地松林分灌木植物的种类数目也显著少于杉木林分、樟树林分和枫香林分。

研究结果还表明，这 4 种林分的草本植物种类数目非常接近，基本上没有差异，均为 5 个或 6 个种类。

6.2 不同林分类型灌木层的物种多样性

物种丰富度是度量物种多样性高低的最基本指标。本研究 4 种典型林分林下植被的物种丰富度和物种多样性指数如表 6-2 所示。

表 6-2　不同林分类型林下植被物种丰富度和物种多样性指数

指标类型／森林类型	层次	种数	个体数	R	H	D	J	E	C
湿地松林	灌木层	6	8	2.4045	1.7329	0.9286	0.9671	3.2000	0.0714
	草本层	5	43	1.0635	0.7061	0.3333	0.4387	0.3839	0.6667
	小计	11							
杉木林	灌木层	16	148	3.0017	1.4628	0.5862	0.5276	0.1622	0.4138
	草本层	6	42	1.3377	1.4600	0.7096	0.8148	0.5040	0.2904
	小计	22							
樟树林	灌木层	18	183	3.2633	2.2601	0.8710	0.7819	0.4586	0.1290
	草本层	6	12	2.0121	1.5607	0.8182	0.8710	0.5000	0.1818
	小计	24							
枫香林	灌木层	19	54	4.5124	2.2706	0.8421	0.7711	0.3584	0.1579
	草本层	5	40	1.0843	1.2403	0.6936	0.7706	0.5858	0.3064
	小计	24							

备注：R 为物种丰富度指数；H 为 Shannon – Wiener 指数；D 为 Simpson 多样性指数；J 为 Shannon – Wiener 均匀度指数；E 为 Simpson 均匀度指数；C 为生态优势度。

一般来说，阔叶林林下植被的物种数目多于针叶林林下植被的物种数目，长沙市城乡交错带这 4 种典型林分灌木物种多样性研究结果表明：灌木物种数最多的是枫香林，其灌木树种数为 19 种，最少的是湿地松林，其灌木树种数为 6 种，这也基本符合阔叶林林下植被特别是灌木物种数多于针叶林物种数的总趋势。但这 4 种林分灌木层物种的个体数差异却较大，樟树林分的灌木个体数最多，达到 183 棵，杉木林的个体数也达到了 148 棵，湿地松林最少，只有 8棵。这可能是该处樟树林受到较多的人为干扰，导致金竹和樟树幼树较多。杉木林分密度适中，林下光照条件较好，处于乔木层的樟树提供了大量种子，所以杉木人工林中组成灌木层的主体是樟树幼苗。4 种林分物种丰富度指数的变化范围为 2.4045 ~ 4.5124，最大的是枫香林，最小的是湿地松林，与物种数目的变化基本一致。

物种多样性指数是一个比较综合性的指标，可以用来定量表征群落和生态系统特征。这 4 种林分的 Shannon – Wiener 指数的排列顺序为：枫香林分 > 樟树

林分 > 湿地松林分 > 杉木林分，其变化范围为 1. 4628 ~ 2. 2706。Shannon – Wiener 多样性指数一般在 1. 5 ~ 3. 5 之间，樟树林分和枫香林分的物种多样性指数多在 2. 0 以上，表明这些阔叶林分林下植被丰富。Simpson 多样性指数的变化规律与 Shannon – Wiener 指数不同，表现为湿地松林分 > 樟树林分 > 枫香林分 > 杉木林分。

4 种林分的 Shannon – Wiener 均匀度指数和 Simpson 均匀度指数表现出相同的规律：湿地松林分 > 樟树林分 > 枫香林分 > 杉木林分，与生态优势度指数的排列顺序正好相反。因湿地松灌木层植物稀少，优势种极不突出，分布均匀，这可从其均匀度的值(3. 2)很大而生态优势度值(0. 07)很小反映出来。杉木林则是因为林下有较多樟树幼苗而使灌木层物种高度富集，稀疏种较少而造成的。而在樟树林分和枫香林分中，由于优势树种不十分明显且组成树种复杂，因此其均匀度指数高于杉木林分但低于湿地松林分。说明杉木林分灌木层优势种突出，而湿地松林分灌木层植物稀少。

6.3 不同林分类型草本层的物种多样性

从 6. 2 表可以看出，不同林分类型草本层的物种数目基本一致，为 5 ~ 6 种。个体数量呈现出一定的规律性，针叶林分 > 阔叶林分，这可能与针叶林的郁闭度一般小于阔叶林，因而林下阳光充足，有利于草本植物的生长发育。4 种林分林下物种丰富度的变化趋势和多样性指数的变化趋势一致，均为樟树林分 > 杉木林分 > 枫香林分 > 湿地松林分。樟树林分、杉木林分和枫香林分 3 种林分的多样性指数变化较小，4 种林分的 Shannon – Wiener 多样性指数均在 1. 6 以下，表明这 4 种林分的草本层都不够发达。草本层与灌木层的多样性没有很明显的联系，这进一步验证了在我国亚热带地区，草本层的多样性大小可能最直接与人类活动干扰有关的研究结论(贺金生，1998)。

草本层的 Shannon – Wiener 均匀度指数表现为：樟树林分 > 杉木林分 > 枫香林分 > 湿地松林分，与多样性指数的顺序一致。但 Simpson 均匀度指数与 Shannon – Wiener 均匀度指数不同，其排列顺序为：枫香林分 > 杉木林分 > 樟树林分 > 湿地松林分。除了樟树林分以外，其他 3 种林分的生态优势度在 0. 3 以上，表明这些群落富集种多，稀疏种少，以湿地松林分表现最为明显，其值为 0. 67，草本植物中蕨类植物占绝大多数。

7　长沙市城乡交错带典型人工林林下植被生物量分析

林下地被物包括灌木、草本和枯落物3个层次，它们是森林生态系统的重要组成部分，在促进生态系统养分循环和维护林地地力方面起着非常积极的作用。灌木层和草本层是森林生态系统中有机物质的重要生产者，而枯枝落叶层则具有较好的保水供肥、提供土壤生物和微生物生活环境的功能，是生态系统中营养物质循环的养分库，它提供了植物所需的70~90%的养分，在森林生态系统养分循环中起着重要的桥梁和纽带作用，在维护森林生态系统正常的结构和功能方面的作用更是不容忽视。

本章着重研究了长沙市城乡交错带湿地松人工林、杉木人工林、樟树人工林和枫香人工林4种典型林分的林下活地被物层（包括林下灌木层、部分幼树和草本层）和枯落物层的生物量及其空间分布，并对这4种典型林分的活地被物层和枯落物层的生物量进行了比较分析，用以揭示这4种林分林下植被的生物生产力规律。

7.1　湿地松人工林林下活地被物及枯落物生物量

7.1.1　活地被物生物量

对湿地松林分林下活地被物的生物量进行了分析测定，结果表明（表7-1）：湿地松林分密度适中，灌木、幼树和草本的种类和数量较少，但灌木和幼树个体较大，因此林下活地被物的生物量较大，达到 $8.45t/hm^2$ ，其中，地上部分生物量为 $5.53t/hm^2$ ，占林下活地被物生物量的 65.44% ，地下部分的生物量为 $5.40t/hm^2$ ，占林下活地被物生物量的 34.56% 。林分灌木层生物量为 $2.20 t/hm^2$ ，占活地被物生物量的 26.04% ；幼树生物量为 $5.16t/hm^2$ ，占活地被物生物量的 61.07% ；林下草本层生物量较少，仅为 $1.09t/hm^2$ ，占活地被物生物量的 12.90% 。

表 7-1　湿地松林分林下活地被物层的生物量用占比

层次	地上部分		地下部分		合计（t/hm²）
	生物量（t/hm²）	百分比（%）	生物量（t/hm²）	百分比（%）	
幼树层	3.72	72.18	1.44	27.82	5.16
灌木层	1.34	60.68	0.87	39.36	2.20
草本层	0.47	43.44	0.62	56.56	1.09
合　计	5.53	65.44	5.40	34.56	8.45

7.1.2　枯落物生物量

研究结果表明（表 7-2）：湿地松林分内的枯枝落叶层较厚，生物量较大，达 $20.30t/hm^2$，其中 H 层占的比重最大，为 $12.78t/hm^2$，占枯落物总生物量的 62.95%；L 层和 F 层分别为 $3.86t/hm^2$ 和 $3.66t/hm^2$，分别占枯落物总生物量的 19.02% 和 18.03%。

表 7-2　湿地松林分枯落物层的生物量及占比

	L 层	F 层	H 层	合　计
生物量（t/hm²）	3.86	3.66	12.78	20.30
百分比（%）	19.02	18.03	62.95	100

7.1.3　林下地被物生物量的空间分布

生物量空间分布特征是指生态系统生物量在乔木、灌木、草本和死地被物等不同层次的分配情况，是反映林分物质和能量在空间分布的主要指标之一。灌木层、草本层作为森林生态系统的重要组成部分，参与了森林生态系统的物质循环和能量转化。枯枝落叶层是植物在其生长发育过程中新陈代谢形成的介于土壤与植物之间的一层，在森林生态系统养分循环中起着重要的桥梁和纽带的作用。

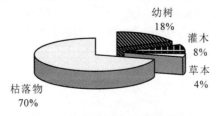

图 7-1　林下地被物生物量分配格局

从图7-1可以看出，枯落物生物量占林下地被物总生物量的比重最大，达到70%，草本层占比最小，仅占4%。湿地松林分林下地被物层生物量的这种空间分配格局非常有利于森林土壤的保水、保土、保肥及地力的维持。

7.2　杉木林林下活地被物和枯落物生物量

7.2.1　活地被物生物量

杉木林分林下活地被物生物量较低，仅为3.95t/hm²，说明杉木林分郁闭度较大，抑制了林下活地被物层的生长发育，因而林内幼树、灌木和草本的种类和数量均较少。林下活地被物地上部分的生物量为1.99t/hm²，占活地被物生物量的50.38%，地下部分生物量为1.95t/hm²，占活地被物生物量的49.62%（见表7-3）。幼树以樟树为主，生物量为0.87t/hm²，占活地被物生物量的22.03%；林内草本植物生长较为茂盛，生物量为2.80t/hm²，占活地被物生物量的70.89%。

表7-3　杉木林分林下活地被物层生物量及占比

层次	地上部分		地下部分		合计(t/hm²)
	生物量(t/hm²)	百分比(%)	生物量(t/hm²)	百分比(%)	
幼树层	0.63	72.06	0.24	27.94	0.87
灌木层	0.23	81.35	0.05	18.65	0.28
草本层	1.13	40.53	1.66	59.47	2.80
合　计	1.99	50.38	1.95	49.62	3.95

7.2.2　枯落物生物量

杉木林分林下枯枝落叶层较厚，生物量较大，达8.82t/hm²（见表7-4），其中H层为4.46t/hm²，占整个枯落物生产量的一半左右；L层和F层分别为2.31t/hm²和2.05t/hm²，两者基本相当，占枯落物生产量的比重分别为26.19%和23.24%，合计占枯落物生产量的一半左右。

表7-4　杉木人工林枯落物生物量

	L层	F层	H层	合　计
生物量(t/hm²)	2.31	2.05	4.46	8.82
百分比(%)	26.19	23.24	50.57	100

7.2.3 林下地被物生物量的空间分布

杉木林林下地被物生物量的空间分布结果为：林下地被物的总生物量为 11.61t/hm²，其中幼树层和灌木层生物量占林下地被物总生物量的 10%，草本层生物量占林下地被物总生物量的 22%，枯落物层所占比例最大，达 68%，研究结果如图 7-2 所示。

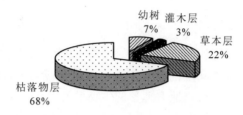

图7-2　林下地被物生物量及分配

7.3　樟树林林下活地被物和枯落物生物量

7.3.1　活地被物生物量

研究结果表明（见表 7-5）：该樟树人工林由于林分郁闭度大，达到 0.9 以上，林内灌木和草本植物种类很少，生物量也较少，两者合计生物量仅为 2.28t/hm²，其中地上部分生物量为 1.38t/hm²，占林下活地被物生物量的 60.53%，地下部分生物量为 0.89t/hm²，占林下活地被物生物量的 39.47%。灌木层生物量为 1.72t/hm²，占林下活地被物生物量的 75.44%，林内草本层生物量较少，仅为 0.30t/hm²，占林下活地被物生物量的 13.16%。

表7-5　樟树林分活地被物层生物量及占比

层次	地上部分		地下部分		合计（t/hm²）
	生物量（t/hm²）	百分比（%）	生物量（t/hm²）	百分比（%）	
幼树层	0.21	82.65	0.04	17.35	0.26
灌木层	1.04	60.45	0.68	39.55	1.72
草本层	0.13	42.42	0.17	57.58	0.30
合　计	1.38	60.53	0.89	39.47	2.28

7.3.2　枯落物生物量

与林下活地被生物量不同，樟树林分内枯枝落叶层较厚，生物量较大，达 7.46t/hm²，其中 H 层为 3.97t/hm²，占枯落物总生物量的比重较大，为 53.15%；L 层和 F 层仅为 1.38t/hm² 和 2.12t/hm²，分别占枯落物总生物量的 18.51% 和 28.34%，研究结果如表7-6所示。

表7-6　樟树林分枯落物生物量

	L 层	F 层	H 层	合　计
生物量（t/hm²）	1.38	2.12	3.97	7.46
百分比（%）	18.51	28.34	53.15	100

7.3.3　林下地被物生物量的空间格局

樟树林分林下地被物层的总生物量为 9.73t/hm²。林分郁闭度大，为 0.9，林内灌木和草本种类很少，生物量较少。其中幼树和灌木层占林下地被物生物量的21%，草本层仅占林下地被物生物量的3%，两者合计占24%。枯落物层所占比例最大，其生物量为林下地被物总生物量的76%，研究结果如图7-3所示。

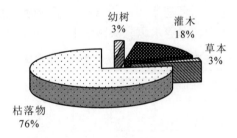

图7-3　林下地被物生物量及分配

7.4　枫香林林下活地被物和枯落物生物量

7.4.1　活地被物生物量

由表7-7可看出，枫香林分林下活地被物生物量为 5.20t/hm²，其中地上部分生物量为 3.27t/hm²，占活地被物生物量的 62.88%，地下部分生物量为 1.94t/hm²，占活地被物生物量的 37.12%。灌木层生物量为 3.13t/hm²，占活地被物生物量的 60.19%，林内草本层生物量较少，仅为 0.66t/hm²，占活地被物生物量的 12.69%。

表 7-7　枫香林分林下活地被物层生物量及占比

层次	地上部分		地下部分		合计（t/hm²）
	生物量（t/hm²）	百分比（%）	生物量（t/hm²）	百分比（%）	
幼树层	0.70	49.70	0.71	50.30	1.41
灌木层	2.29	73.07	0.84	26.93	3.13
草本层	0.28	41.81	0.39	58.19	0.66
合　计	3.27	62.88	1.94	37.12	5.20

7.4.2　枯落物生物量

对枫香林分林下枯落物层的生物量进行了分析测定，结果如表 7.8 所示。枫香林分林内的枯枝落叶较少，生物量仅为 5.21t/hm²，其中 H 层为 3.57t/hm²，占枯落物生物量的比重较大，为 68.52%；L 层较少，仅占枯落物层生物量的 4.66%；F 层为 1.40t/hm²，占枯落物层生物量的 26.81%。这说明枫香林的凋落物易于分解，生物循环速率快，非常有利于养分元素归还土壤，以利改良森林土壤增加土壤肥力、涵养水源、保持水土和林地地力的维持。

表 7-8　枫香林分枯落物生物量及占比

	L 层	F 层	H 层	合　计
生物量（t/hm²）	0.24	1.40	3.57	5.21
百分比（%）	4.66	26.81	68.52	100

4.4.3　林下地被物生物量的空间分布

枫香林分林下地被物的总生物量为 10.41t/hm²，其中幼树层生物量为 1.41t/hm²，占林下地被物生物量的 14%，灌木层生物量为 3.13t/hm²，占林下地被物生物量的 30%，草本层生物量为 0.66t/hm²，仅占林下地被物生物量的 6%，枯落物层生物量为 5.21t/hm²，所占比例最大，达 50%。枫香林分林下地被物的空间分布结果如图 7-4 所示。

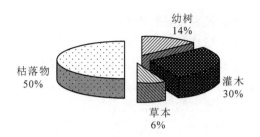

图7-4　林下地被物生物量及分配

7.5　不同林分类型林下活地被物和枯落物生物量的比较

对湿地松林、杉木林、樟树林和枫香林4种典型人工林的林下活地被物生物量（区分幼树生物量、灌木层生物量和草本层生物量）、枯落物生物量及林下地被物总生物量进行了比较分析，研究结果如表7-9和图7-5所示。

表7-9　不同林分林下活地被物、枯落物生物量和林下地被物总生物量比较（t/hm²）

林分类型	林下地被物总生物量	活地被物生物量	幼树生物量	灌木生物量	草本生物量	枯落物生物量
湿地松林	28.75	8.45	5.16	2.20	1.09	20.30
杉木林	12.77	3.95	0.87	0.28	2.80	8.82
樟树林	9.74	2.28	0.26	1.72	0.30	7.46
枫香林	10.41	5.20	1.41	3.13	0.66	5.21

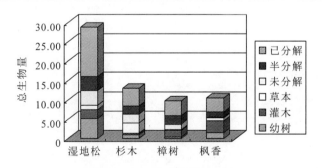

图7-5　不同林分林下地被物总生物量（t/hm²）

研究结果表明：林下地被物总生物量最大的是湿地松林分，达28.75 t/hm²，最小的是樟树林分，其生物量为9.74t/hm²，这四种林分林下地被物生物量的大小顺序是湿地松林＞杉木林＞枫香林＞樟树林。说明湿地松林分郁闭度适中，幼树和灌木生长发育良好，有利于群落的更新与演替，枯枝落叶层覆盖量大，对林地的保水保肥作用重大。杉木林分灌木层稀少，但林内通风和光照较好，有利于草本植物的生长发育，而樟树林正相反，郁闭度达到 0.9，林下植被特别是阳性植物的生长严重受阻。

林下活地被物生物量最大的也是湿地松林分，达 8.45t/hm²，最小的也是樟树林分，其生物量为 2.28t/hm²，这四种林分林下活地被物的大小顺序是湿地松林>枫香林>杉木林>樟树林。幼树层生物量的大小顺序为湿地松林 > 枫香林 > 杉木林 > 樟树林，灌木层生物量的大小排列顺序为枫香林 > 湿地松林 > 樟树林 > 杉木林，草本层生物量的大小顺序为杉木林 > 湿地松林 > 枫香林 > 樟树林。

凋落物生物量的变化规律则是湿地松林 > 杉木林 > 樟树林 > 枫香林，表现出针叶林凋落物生物量大于阔叶林的规律，其主要原因是阔叶林的枯枝落叶比针叶林的枯枝落叶更易于分解，更有利于养分对林地土壤的归还。针叶林尤其是湿地松林分中枯枝落叶层较厚，且生物量较大，这对于保持森林土壤的水分养分及养分的有效性具有重要意义。

8 长沙市城乡交错带典型人工林林下植被营养元素的分布与积累

8.1 林下植被和枯落物营养元素含量分析

8.1.1 不同林分类型林下植物营养元素含量的差异分析

各种林下植物种类在遗传学和生物学特性上是不相同的，因此它们在对营养元素的需要上存在着差异，这种差异则直接体现在植物体内营养元素的含量上。

8.1.1.1 湿地松人工林

从表8.1可以看出，湿地松林林下植物生长发育所必需的 N、P、K 元素的富集程度并不一致，N 元素含量以狗脊蕨最高(11.74g/kg)，赤楠最低(4.95g/kg)；P、K 元素含量均以狗脊蕨最高，最低分别是赤楠(0.24g/kg)和满树星(1.60g/kg)；栀子中 Ca 元素的含量最高，狗脊蕨中 Mg 元素的含量最高，Ca 和 Mg 元素的含量均为菝葜最低。

微量元素 Cu 在各植物中的含量变化不大，其变化范围为6.54~14.95mg/kg，以狗脊蕨含量最高，野茉莉含量最低；Fe 元素含量最高和最低的分别是蕨、野茉莉；Zn 元素含量的变化范围为13.48~51.48mg/kg，满树星最高，赤楠最低；植物对 Mn 元素的富集程度不同，蕨中含量最高，檵木最低；Cd、Ni、Pb 元素含量最高的分别是满树星和蕨。说明蕨对 Fe、Mn、Pb 元素的富集能力较强。

表8-1 湿地松林分林下植被的营养元素含量

植物名称	N	P	K	Ca	Mg	Cu	Fe	Zn	Mn	Cd	Ni	Pb
	g/kg					mg/kg						
栀子	10.72	0.85	3.40	8.10	1.33	13.22	186.35	17.21	48.99	0.03	3.25	16.58
赤楠	4.95	0.24	1.74	3.19	0.73	9.97	160.72	13.48	113.97	0.19	2.33	7.58
满树星	5.77	0.42	1.60	5.39	1.22	7.00	107.66	51.48	237.10	0.61	5.73	23.37
白花龙	7.17	0.56	1.64	7.70	0.90	6.87	95.03	19.19	129.16	0.05	2.50	3.07

续表

植物名称	N	P	K	Ca	Mg	Cu	Fe	Zn	Mn	Cd	Ni	Pb
	g/kg					mg/kg						
野茉莉	8.05	0.74	1.99	4.99	0.77	6.54	68.50	47.65	194.81	0.35	2.33	12.28
檵木	5.69	0.65	2.53	6.01	0.47	10.96	249.75	17.44	34.11	0.03	1.95	18.47
菝葜	9.34	0.25	2.14	2.13	0.36	6.80	219.23	16.80	42.34	0.05	1.14	0.48
蕨	12.13	0.70	2.89	2.49	0.92	9.65	422.06	20.80	288.03	0.18	1.99	25.98
狗脊蕨	11.74	1.07	8.40	2.70	2.94	14.95	311.01	17.89	72.21	0.04	3.40	1.11

8.1.1.2 杉木人工林

由表8-2可知，杉木林分林下植物中，植物生长发育所必需的 N、P、K 元素，以美洲商陆含量最高，山矾最低；Ca 元素富集最高的是鸡矢藤。总体来看，木本植物高于草本植物；Mg 元素含量最高的是狗脊蕨，但植物间差异不显著。

微量元素 Cu、Fe、Zn 的含量最低的是山矾，最高则分别是泡桐、阔叶鳞毛蕨、狗脊蕨；Mn 元素含量最低的是泡桐，其他植物差异不大；Cd、Ni 元素含量最高均为美洲商陆；泡桐中 Pb 元素的含量最高。

表8-2 杉木林分林下植被的营养元素含量

植物名称	N	P	K	Ca	Mg	Cu	Fe	Zn	Mn	Cd	Ni	Pb
	g/kg					mg/kg						
山矾	8.66	0.62	3.48	9.57	0.89	7.17	95.91	14.35	234.33	0.05	3.58	4.57
泡桐	14.14	2.18	12.27	5.79	1.59	47.54	374.80	19.00	75.26	0.04	4.12	6.75
大青	13.74	1.82	6.48	8.68	1.18	12.88	148.22	17.20	220.90	0.06	4.24	2.50
樟树	7.88	1.17	7.33	5.25	1.16	11.47	145.63	15.60	187.88	0.07	1.59	0.85
阔叶鳞毛蕨	13.96	2.06	9.45	3.35	2.14	17.47	496.09	21.46	131.70	0.12	4.92	0.71
狗脊蕨	9.86	1.27	6.46	3.35	3.51	10.41	338.91	55.47	124.41	0.04	3.63	1.07
淡竹叶	12.10	1.08	11.68	3.83	2.53	13.71	338.81	20.97	225.75	0.18	3.24	0.76
鸡矢藤	16.04	1.33	11.28	16.21	1.95	16.33	298.74	23.89	232.48	0.20	3.21	1.35
美洲商陆	25.36	3.23	24.72	7.43	2.44	13.14	535.49	22.83	215.31	0.30	5.32	1.21
铁线蕨	14.13	0.88	8.96	2.34	1.22	10.97	371.68	18.91	205.63	0.07	1.70	1.15

8.1.1.3 樟树人工林

樟树林林下植物中，其生长发育所需的大量元素 N、P、K、Ca、Mg，以鸡矢藤含量最高，而含量最低的植物并不是同一个，分别是华山矾(N、P)、豆腐柴(K、Ca、Mg)；Ca 元素富集能力最强的是鸡矢藤，总的来说，木本植物高于草本植物；Mg 元素含量最高的是狗脊蕨，但植物间差异不显著；阔叶鳞毛蕨中Cu、Fe 元素的含量最高；枸骨中 Zn、Cd 元素的含量最高；Mn、Ni、Pb 元素含量最高者分别是鸡矢藤、大青、黄栀子(表 8-3)。

表 8-3　樟树林分林下植被营养元素含量

植物名称	N	P	K	Ca	Mg	Cu	Fe	Zn	Mn	Cd	Ni	Pb
	g/kg					mg/kg						
枸骨	6.92	0.42	4.73	6.40	1.88	5.53	231.97	26.75	226.02	1.63	3.13	1.00
华山矾	3.14	0.16	7.14	2.49	1.78	5.63	469.32	26.01	231.02	1.46	3.22	0.57
黄栀子	7.41	0.56	5.80	7.53	1.51	9.41	199.97	11.64	54.28	0.03	2.69	2.29
金竹	7.89	0.69	9.50	1.28	0.47	7.23	104.99	16.06	136.88	0.03	1.06	1.54
大青	12.74	1.21	6.57	9.51	1.77	14.77	281.90	19.27	224.38	0.08	5.12	1.53
豆腐柴	3.85	0.11	0.45	1.67	0.22	2.51	129.04	12.53	67.86	0.21	0.89	0.61
黄檀	9.97	0.40	2.82	6.35	1.81	8.20	159.49	18.64	200.30	0.19	3.85	1.02
菝葜	7.48	0.44	5.47	1.79	1.37	8.88	309.33	18.57	68.60	0.01	1.98	1.52
阔叶鳞毛蕨	14.53	1.09	10.68	4.73	2.57	19.31	603.37	22.65	152.63	0.19	4.63	1.21
狗脊蕨	10.34	0.65	8.01	3.99	3.43	10.35	357.22	18.70	116.39	0.04	3.78	1.26
淡竹叶	13.40	1.06	10.66	2.28	1.63	11.00	521.11	20.39	215.05	0.15	3.87	0.75
鸡矢藤	18.52	1.24	15.49	15.32	2.00	15.18	497.11	22.70	231.16	0.15	3.58	0.90

8.1.1.4 枫香人工林

由表 8-4 可知，枫香人工林林下植物中，其生长发育所需要的大量元素 N、P、K、Ca 含量最高的都是阔叶山麦冬，N、P 元素含量最低的是樟树，K、Ca 元素含量最低的分别是油茶和淡竹叶，Mg 元素含量最高的是狗脊蕨，最低的是菝葜；微量元素中 Fe 元素的变化范围为 107.33 ~ 666.18mg/kg，含量最高的是苔草，最低的是油茶；Zn、Mn 元素在各种林下植物中的变化范围不大；Cd、Ni、Pb 元素含量最高和最低的分别是枸骨、算盘子、白栎，和油茶、樟树、大青。

表 8-4 枫香林林下植被养分含量

植物名称	N	P	K	Ca	Mg	Cu	Fe	Zn	Mn	Cd	Ni	Pb
	g/kg					mg/kg						
樟树	4.85	0.45	2.99	4.11	1.12	9.63	140.04	14.75	176.00	0.07	1.15	1.29
枸骨	10.70	0.72	7.36	6.62	2.23	7.41	226.72	27.69	233.40	1.38	4.61	1.16
黄栀子	10.84	0.47	5.61	6.89	1.19	5.59	203.43	11.99	106.19	0.03	2.93	1.45
算盘子	10.63	1.20	3.64	5.07	1.22	11.71	264.65	23.66	233.59	0.13	10.83	1.57
油茶	6.05	0.72	2.33	2.29	0.59	7.44	107.33	13.58	233.57	0.02	3.12	1.53
大青	21.13	1.28	9.17	7.57	1.79	10.59	256.13	19.78	236.63	0.07	5.09	0.69
黄檀	10.99	0.71	3.24	4.09	2.17	9.55	215.89	21.98	222.76	0.14	5.36	1.46
白栎	11.62	0.54	3.88	6.93	0.84	6.98	224.37	13.83	233.31	0.18	2.80	2.19
满树星	9.74	0.52	2.82	4.42	0.99	5.92	198.29	23.08	235.31	0.72	5.27	1.74
菝葜	12.99	0.83	5.94	3.27	0.48	14.55	322.70	19.57	151.97	0.03	2.82	0.99
小果蔷薇	8.05	0.89	3.25	4.35	1.24	10.96	211.55	21.20	196.95	0.31	3.81	1.35
阔叶鳞毛蕨	18.41	1.74	7.10	4.35	2.45	15.73	516.67	23.12	218.56	0.16	5.61	1.10
狗脊蕨	12.48	1.09	9.39	4.36	4.23	10.81	266.45	20.11	216.95	0.05	4.16	0.75
淡竹叶	17.49	1.12	8.19	1.58	1.44	12.96	537.33	21.55	225.58	0.10	3.87	0.75
阔叶山麦冬	24.78	1.39	11.23	8.52	1.16	23.54	657.52	23.72	234.15	0.75	5.77	1.46
苔草	13.61	0.48	3.50	3.31	0.55	16.65	666.18	21.33	237.74	0.13	4.79	0.75

从对 4 种典型人工林的主要林下植被种类的 5 种大量元素和 7 种微量元素含量的研究分析结果中可以得出这样的结论：4 种典型人工林林下植物体内各种营养元素的含量，主要取决于不同植物的遗传学和生物学特性，而环境条件对它们的影响是第二位的因素。这与黄健辉（1991）和田大伦、刘煊章、康文星、方海波（1997）的研究结论是一致的。

8.1.2 不同林分类型同一植物不同部位营养元素含量的差异分析

在植物的生长发育过程中，各器官所起的作用各不相同，因此对营养元素的需要量也有很大不同，使得某一时期各器官营养元素的含量存在着明显的差异。

8.1.2.1　湿地松人工林

从表 8-5 中可以看出，在木本植物中，N、P、K、Ca、Mg、Ni 元素在叶中的含量最高，而其在茎、根中的含量则随植物种类的不同而不同，有些是茎大于根，而有些则是根大于茎；而微量元素 Cu、Fe、Zn、Mn、Cd 的含量大体上表现为不是叶最高，就是根最高；Pb 元素的含量基本上以茎或叶中的含量为最高；K、Mg、Cu、Fe、Zn 元素在有些植物的不同部位中变化不明显，如野茉莉（K）、狗脊蕨和蕨（Mg）、赤楠和白花龙（Cu 和 Zn）、栀子（Fe），而在有些植物的不同部位中变化很大，如白花龙（K 和 Mg）、栀子（Cu 和 Zn）、檵木（Fe）。

草本植物中，营养元素含量均随植物器官的不同而不同。在 3 种草本植物中，P、K、Ca、Mg、Mn 元素的含量均为地上部分 > 地下部分，其他元素的含量在各器官中的变化不明显，且规律性不明显。

表 8-5　湿地松林分林下植物不同部位养分含量

植物名称		N	P	K	Ca	Mg	Cu	Fe	Zn	Mn	Cd	Ni	Pb
		g/kg					mg/kg						
栀子	叶	20.84	2.16	6.99	11.23	2.25	26.52	229.46	38.59	99.95	0.07	4.91	19.94
	茎	5.30	0.36	1.64	8.78	0.95	10.40	174.46	11.53	89.36	0.03	3.22	17.76
	根	6.74	0.27	1.94	6.24	0.94	7.02	168.71	7.60	5.68	0.01	2.39	14.97
赤楠	叶	13.34	1.13	5.17	6.06	1.59	13.06	257.11	25.35	817.57	0.03	4.18	8.85
	茎	5.37	0.27	1.79	3.63	0.60	10.41	152.38	17.73	150.27	0.07	2.56	11.54
	根	4.56	0.20	1.59	2.95	0.90	11.27	203.69	10.62	57.15	0.36	2.15	6.09
满树星	叶	16.82	0.91	4.37	10.11	3.29	5.16	146.33	27.17	236.39	1.29	6.80	1.21
	茎	4.45	0.43	1.20	5.46	0.84	10.10	117.40	53.61	291.35	0.67	4.80	26.33
	根	5.45	0.36	1.59	4.70	1.27	4.99	115.72	53.59	182.18	0.42	6.72	28.28
白花龙	叶	20.99	1.20	5.78	12.23	2.94	7.09	207.89	20.95	234.18	0.04	5.16	3.49
	茎	4.56	0.44	0.72	7.06	0.48	6.58	63.44	18.45	123.30	0.05	1.86	2.57
	根	3.71	0.39	1.06	5.89	0.48	7.59	99.10	20.00	59.08	0.03	2.29	0.15
野茉莉	叶	28.91	1.95	3.08	12.45	1.32	23.53	180.78	58.24	763.15	0.43	12.40	50.47
	茎	5.04	0.62	1.39	6.72	0.55	7.92	74.67	46.50	237.96	0.51	4.10	21.02
	根	11.24	0.88	2.62	3.86	1.01	6.80	78.67	50.74	167.35	0.26	1.06	7.20
檵木	叶	16.61	1.50	5.93	10.24	1.28	10.71	209.63	16.33	60.81	0.04	3.59	6.65
	茎	5.92	0.65	2.77	7.33	0.49	15.42	418.24	25.61	57.65	0.05	2.15	27.37
	根	2.44	0.36	1.03	2.53	0.12	4.29	19.71	6.46	0.78	0.00	1.18	3.87

续表

植物名称		N	P	K	Ca	Mg	Cu	Fe	Zn	Mn	Cd	Ni	Pb
		g/kg					mg/kg						
菝葜	地上	8.06	0.24	3.34	4.57	0.62	14.30	317.22	18.55	162.03	0.10	2.07	0.30
	地下	9.67	0.26	1.84	1.51	0.29	4.91	194.51	16.36	12.15	0.04	0.91	1.21
狗脊蕨	地上	11.08	1.20	13.91	4.09	3.61	8.27	88.46	17.80	112.96	0.01	2.71	0.30
	地下	12.20	0.99	4.59	1.73	2.47	19.57	464.96	17.95	44.02	0.05	3.88	1.66
蕨	地上	10.10	0.64	1.69	3.36	0.78	11.29	212.10	23.28	366.89	0.13	1.69	27.29
	地下	13.63	0.75	3.78	1.85	1.03	8.44	578.27	18.96	229.35	0.21	2.22	25.00

8.1.2.2 杉木人工林

如表 8-6 所示的研究结果表明：在林下木本植物中，N、P、K、Ca、Mg、Mn、Ni 元素在叶中的含量最高，含量最低的为茎或根，因植物和营养元素的不同而不同，如分析植物在上述 7 种元素含量中根＞茎的有：N、K、Mg、Ni 元素，茎＞根的有山矾和大青中的 P 等；Cu、Fe 元素含量基本上是根部最高，Zn、Cd、Pb 元素含量在不同的植物中变化规律不同。

表 8-6　杉木林分林下植物不同部位养分含量

植物名称		N	P	K	Ca	Mg	Cu	Fe	Zn	Mn	Cd	Ni	Pb
		g/kg					mg/kg						
山矾	叶	13.95	0.96	3.99	13.06	1.01	8.35	85.76	14.02	240.42	0.04	6.54	4.40
	茎	5.32	0.80	3.25	7.54	0.83	5.92	59.02	12.25	234.16	0.03	1.86	6.11
	根	7.20	0.43	3.69	8.14	0.84	8.27	216.77	20.72	222.67	0.11	2.39	0.76
泡桐	叶	40.69	3.53	15.00	12.80	3.36	17.08	204.29	23.05	155.90	0.06	4.94	4.85
	茎	5.31	1.78	10.05	4.11	0.75	28.81	49.18	16.09	31.95	0.02	3.14	6.42
	根	8.38	1.84	12.94	3.65	1.45	81.63	775.82	19.60	73.51	0.05	4.62	8.08
大青	叶	28.97	2.10	18.24	8.44	2.01	10.86	301.33	18.94	238.22	0.04	5.15	2.57
	茎	9.33	1.93	4.53	8.76	0.97	11.63	58.15	16.93	224.66	0.06	3.99	3.03
	根	17.40	1.38	5.38	8.62	1.29	17.33	307.78	16.96	201.45	0.07	4.41	1.05
樟树	叶	21.14	2.23	12.34	8.64	2.16	9.10	162.37	15.31	237.23	0.09	3.35	0.30
	茎	4.62	0.71	6.49	4.81	0.85	10.61	48.28	15.46	191.23	0.08	1.12	0.75
	根	6.03	1.61	5.50	3.63	1.19	15.99	412.92	16.24	136.10	0.05	1.44	1.58

续表

植物名称		N	P	K	Ca	Mg	Cu	Fe	Zn	Mn	Cd	Ni	Pb
		g/kg					mg/kg						
阔叶鳞毛蕨	地上	15.38	2.14	16.25	4.09	2.46	16.41	269.39	21.42	218.94	0.16	5.16	1.21
	地下	12.79	2.01	3.84	2.70	1.89	18.34	683.10	21.50	59.73	0.08	4.73	0.30
狗脊蕨	地上	11.52	1.32	11.85	4.24	3.88	8.69	140.18	18.71	215.66	0.03	3.56	0.76
	地下	9.11	1.29	4.03	2.94	3.34	11.19	428.58	72.05	83.23	0.05	3.67	1.21
淡竹叶	地上	12.71	1.08	13.72	4.24	3.17	10.70	120.57	20.47	237.19	0.17	3.03	0.76
	地下	10.82	1.06	7.34	2.94	1.15	20.09	801.15	22.02	201.52	0.21	3.67	0.75
鸡矢藤	地上	17.02	1.37	13.72	15.84	2.12	15.82	222.16	24.33	235.22	0.16	3.24	1.21
	地下	13.83	1.23	5.81	17.13	1.58	17.49	470.56	22.91	226.31	0.27	3.24	1.66
美洲商陆	地上	28.35	3.49	24.72	9.26	3.44	13.73	405.91	24.51	237.59	0.41	6.64	0.76
	地下	22.38	2.96	24.71	5.61	1.43	12.54	665.07	21.14	193.03	0.20	3.99	1.67
铁线蕨	地上	16.54	0.99	9.62	2.57	1.43	10.95	245.26	19.95	236.41	0.07	1.44	1.29
	地下	7.65	0.59	7.19	1.73	0.65	11.03	712.30	16.13	122.72	0.06	2.39	0.76

草本植物中，大量元素 N、P、K、Mg 的含量表现为地上部分＞地下部分，Ga 元素除鸡矢藤外，也是地上部分＞地下部分；微量元素中的 Cu、Fe 为地下部分＞地上部分，Mn 元素为地上部分＞地下部分，其他如 Zn、Cd、Ni、Pb 元素则没有明显的规律性。

8.1.2.3 樟树人工林

从表 8-7 可以看出，在樟树林分的林下木本植物中，N、P、K、Ca、Mn、Ni 元素在叶中的含量最高，除了金竹（K）、黄栀子（Ni）外；Mg 元素在根或叶中的含量较高；除大青和菝葜外，Fe 元素在根部的积累较多；Cu、Zn、Pb 元素在各器官中的含量随植物的不同而不同。

草本植物中，大量元素 N、K、Mg 的含量表现为地上部分＞地下部分，除鸡矢藤（Ca）和一枝黄花（Mg）外，P 元素则没有规律；微量元素中的 Cu、Fe 表现为地下部分＞地上部分，Mn 元素为地上部分＞地下部分，Zn、Cd、Ni、Pb 元素则没有明显的变化规律。

表8-7 樟树林分林下植被不同部位养分含量

植物名称		N	P	K	Ca	Mg	Cu	Fe	Zn	Mn	Cd	Ni	Pb
		g/kg					mg/kg						
枸骨	叶	10.46	0.91	7.72	9.28	1.86	4.41	136.58	27.59	237.74	2.34	3.67	1.21
	茎	5.41	0.11	2.78	7.74	1.71	6.42	143.64	26.89	229.90	1.64	2.61	0.75
	根	5.45	0.29	4.03	3.12	2.04	5.66	376.37	25.99	213.94	1.07	3.14	1.05
华山矾	叶	16.97	1.01	7.29	14.87	1.71	6.92	225.77	19.62	239.24	0.09	6.64	0.76
	茎	4.30	0.76	2.34	7.91	0.70	7.68	108.00	19.54	233.66	0.08	5.68	0.75
	根	2.98	0.14	7.22	2.26	1.80	5.58	478.09	26.19	230.89	1.50	3.14	0.57
黄栀子	叶	17.40	1.31	12.09	9.34	2.39	7.26	211.40	18.46	112.28	0.03	3.35	2.12
	茎	4.04	0.41	4.09	6.73	0.52	6.59	128.54	9.57	26.54	0.03	1.97	2.12
	根	8.34	0.20	4.72	8.47	4.35	23.46	471.83	11.36	92.29	0.04	4.73	3.20
金竹	叶	17.74	0.76	8.06	3.87	0.98	3.90	205.19	11.41	221.63	0.03	1.86	0.30
	茎	2.67	0.58	9.19	0.48	0.27	5.66	0.19	17.76	106.05	0.02	0.69	2.58
	根	10.35	0.89	11.83	0.50	0.43	14.72	259.35	16.82	122.84	0.07	1.12	0.30
大青	叶	23.73	1.36	14.27	12.66	3.00	10.27	481.20	21.35	239.22	0.07	5.47	3.48
	茎	8.97	1.12	5.53	9.30	1.37	14.89	235.40	19.89	231.97	0.08	5.36	1.32
	根	17.40	1.38	5.38	8.62	1.29	17.33	307.78	16.96	201.45	0.07	4.41	1.05
豆腐柴	叶	34.71	0.91	4.37	10.11	3.29	5.16	146.33	27.17	236.39	1.29	6.00	1.21
	茎	5.64	0.16	0.62	2.86	0.27	4.66	252.38	23.88	125.42	0.36	1.44	1.21
	根	21.63	0.59	3.03	4.83	0.99	8.93	283.49	28.78	158.13	0.40	3.88	0.30
黄檀	叶	26.35	1.55	6.44	10.91	3.63	6.84	153.48	23.92	236.85	0.17	4.52	0.76
	茎	7.10	0.07	2.03	5.84	1.57	8.01	96.39	17.82	196.67	0.19	3.77	1.21
	根	12.55	1.22	4.16	5.67	1.69	10.03	462.04	18.99	192.90	0.23	3.78	0.30
菝葜	叶	20.84	1.55	7.66	6.99	2.32	5.75	388.93	12.87	236.32	0.01	3.78	0.30
	茎	3.16	0.39	3.25	1.47	0.51	6.00	94.63	18.91	109.12	0.01	1.33	2.12
	根	7.32	0.37	5.75	1.45	0.27	9.69	346.07	18.94	47.62	0.02	1.97	1.50
小果蔷薇	地上	6.59	1.48	6.87	9.35	1.77	12.96	91.09	19.60	43.86	0.09	2.71	1.34
	地下	5.06	0.84	1.09	2.85	0.78	7.42	316.38	20.44	200.21	0.20	3.35	1.21

植物名称		N	P	K	Ca	Mg	Cu	Fe	Zn	Mn	Cd	Ni	Pb
			g/kg							mg/kg			
一枝黄花	地上	11.69	1.97	17.66	8.35	1.04	17.98	313.57	23.48	234.13	0.15	3.77	1.05
	地下	9.17	1.97	1.05	7.35	2.65	18.98	315.57	27.09	232.63	0.49	3.24	1.54
阔叶鳞毛蕨	地上	15.22	1.10	19.73	6.50	3.73	15.64	424.96	23.34	231.02	0.29	4.51	1.23
	地下	13.96	1.08	3.21	3.27	1.61	22.33	750.54	22.07	87.97	0.10	4.72	1.73
狗脊蕨	地上	11.72	0.54	12.56	5.37	4.08	8.52	168.70	19.12	161.79	0.03	3.24	0.76
	地下	9.24	0.75	4.41	2.90	2.91	11.79	506.65	18.36	80.41	0.05	4.20	1.67
淡竹叶	地上	13.20	1.65	16.60	4.52	2.49	8.00	225.44	22.31	234.72	0.06	4.94	0.75
	地下	13.54	0.65	6.59	0.74	1.03	13.05	723.78	19.07	201.56	0.21	3.14	0.76
鸡矢藤	地上	21.01	1.21	18.98	14.15	2.13	14.30	461.51	22.52	231.67	0.12	3.35	0.75
	地下	12.92	1.29	7.66	17.95	1.70	17.16	576.98	23.09	230.02	0.21	4.09	1.21
芒萁	地上	12.04	0.82	7.22	2.28	1.01	10.03	236.38	19.74	230.18	0.08	1.33	0.76
	地下	10.41	1.05	2.48	1.05	0.87	21.58	687.25	18.06	86.45	0.02	1.64	1.59

8.1.2.4 枫香人工林

如表 8-8 所示的研究结果表明：在枫香人工林下木本植物中，叶中含量最高的大量元素为 N、P、K、Ca、Mg，除枸骨(Mg)外，N、K 元素含量最低的是茎部，Ca 元素含量最低的是根部，Mg 元素含量在茎部和根部变化不大；Cu、Fe 元素的含量则大部分是根部最高；Zn 元素的含量是叶部最大；Cd 元素的含量也基本上是叶部含量大；Zn、Mn、Ni、Pb 元素的含量随植物的不同而发生变化。

草本植物中，除苔草外，Ni 元素的含量都表现为地下部分＞地上部分；P 元素的含量表现为地上部分＞地下部分，但狗脊蕨除外；K、Ca、Mg 元素的含量为地上部分＞地下部分，且 K 元素在地上部分的含量远大于地下部分；微量元素中的 Cu、Fe 为地下部分＞地上部分；Mn 元素为地上部分＞地下部分，且与 Zn 一样，其含量在不同器官中变化不大；Cd、Ni、Pb 元素含量的变化无规律性。

表 8-8　枫香林分林下植物不同部位养分含量

植物名称		N	P	K	Ca	Mg	Cu	Fe	Zn	Mn	Cd	Ni	Pb
		g/kg					mg/kg						
樟树	叶	21.33	1.46	7.90	13.17	3.02	7.09	276.42	18.37	239.09	0.13	4.62	1.36
	茎	3.61	0.39	2.22	3.98	1.10	6.92	9.99	14.84	168.18	0.07	0.80	1.21
	根	6.06	0.46	4.56	3.14	0.87	18.09	507.64	13.94	189.82	0.08	1.65	1.56
枸骨	叶	13.58	1.07	9.19	8.58	2.28	7.68	193.69	27.31	239.47	1.82	7.18	1.21
	茎	6.31	0.44	2.69	6.49	1.54	6.92	147.28	26.83	228.77	1.36	2.82	1.01
	根	11.50	0.54	10.12	3.80	2.97	7.59	370.82	29.27	229.67	0.76	2.82	1.02
黄栀子	叶	18.99	1.35	11.56	8.78	2.28	4.74	247.15	17.75	144.47	0.04	4.31	2.58
	茎	7.34	0.07	2.87	6.42	0.76	4.32	116.03	10.55	98.71	0.03	2.39	1.21
	根	8.05	0.27	4.16	5.21	0.67	10.95	401.27	6.81	65.35	0.02	2.29	0.30
华山矾	叶	21.19	1.57	11.81	10.36	3.58	4.49	225.69	20.95	239.99	0.14	5.69	2.58
	茎	3.71	0.54	2.47	4.44	0.85	5.67	34.07	16.28	224.64	0.07	2.61	2.12
	根	8.74	0.37	4.40	2.48	0.79	5.07	65.22	21.04	219.03	0.06	2.18	0.30
算盘子	叶	22.74	1.61	12.59	13.90	4.47	5.66	288.11	23.31	241.47	0.17	20.13	3.49
	茎	8.88	1.16	2.78	4.97	0.96	8.35	286.34	24.56	234.81	0.16	8.87	2.12
	根	10.96	1.20	3.22	3.45	0.98	18.24	225.59	22.32	230.08	0.08	12.05	0.30
油茶	叶	13.68	1.27	6.09	6.95	1.84	4.15	134.80	13.58	240.02	0.03	9.19	0.30
	茎	4.78	0.82	1.94	2.77	0.54	6.25	72.39	14.54	234.60	0.02	3.56	2.12
	根	8.49	0.50	3.03	1.10	0.65	10.11	181.05	11.53	231.13	0.02	1.97	0.30
大青	叶	25.72	1.72	12.84	8.16	2.23	7.68	240.89	19.04	239.62	0.05	4.62	0.76
	茎	11.87	0.88	3.97	7.96	1.16	13.21	220.27	20.63	234.70	0.08	4.73	0.75
	根	22.29	0.33	5.40	4.35	1.34	16.74	393.23	20.95	228.71	0.12	7.70	0.30
黄檀	叶	23.49	1.33	5.90	6.88	3.12	8.68	253.29	24.27	237.46	0.12	5.69	1.21
	茎	7.73	0.73	2.03	5.92	1.53	10.11	75.08	22.49	230.46	0.15	7.07	1.67
	根	13.02	0.69	4.03	2.81	2.58	9.18	311.05	21.60	217.31	0.12	4.20	1.32
白栎	叶	19.41	1.52	17.41	7.28	2.47	4.91	245.41	24.67	239.89	1.07	5.79	2.12
	茎	5.51	0.54	1.44	6.97	0.51	7.68	151.73	17.24	228.96	0.08	1.86	2.58
	根	12.62	0.35	2.28	6.84	0.67	7.09	249.84	10.38	233.81	0.05	2.61	2.05

续表

植物名称		N	P	K	Ca	Mg	Cu	Fe	Zn	Mn	Cd	Ni	Pb
		g/kg					mg/kg						
满树星	叶	24.74	1.63	5.37	8.16	1.57	3.65	218.58	17.17	239.18	0.04	3.46	0.76
	茎	5.85	0.24	1.84	5.28	0.75	7.01	188.28	24.00	238.15	1.00	5.58	2.12
	根	10.45	0.56	3.50	1.29	1.20	4.91	207.88	23.91	228.54	0.52	5.47	1.48
小果蔷薇	地上	8.86	0.93	5.03	5.58	1.63	13.88	124.95	21.82	194.26	0.39	4.20	1.47
	地下	7.06	0.84	1.09	2.85	0.78	7.42	316.38	20.44	200.21	0.20	3.35	1.21
菝葜	地上	18.14	0.84	7.69	4.84	0.82	16.24	305.89	20.14	228.29	0.05	303	1.21
	地下	7.62	0.82	4.12	1.64	0.12	12.78	340.24	18.96	72.35	0.01	2.60	0.75
阔叶鳞毛蕨	地上	16.66	1.98	17.79	5.95	3.41	15.47	233.48	22.78	234.75	0.33	3.45	0.75
	地下	18.98	1.67	3.59	3.82	2.14	15.81	609.72	23.24	213.24	0.11	6.32	1.21
狗脊蕨	地上	12.08	0.99	13.26	5.36	4.39	10.77	191.59	20.07	222.82	0.05	3.35	0.75
	地下	13.11	1.25	3.22	2.77	3.97	10.86	385.97	20.19	207.57	0.05	5.47	0.75
淡竹叶	地上	12.51	1.46	14.32	3.60	2.43	7.33	245.03	19.54	234.72	0.03	4.41	0.75
	地下	19.42	0.99	5.81	0.79	1.06	15.15	650.81	22.33	222.03	0.12	3.67	0.76
阔叶山麦冬	地上	24.29	1.70	18.83	8.44	2.00	13.46	411.85	25.14	235.12	0.61	5.37	0.30
	地下	25.06	1.21	6.87	8.57	0.67	29.31	798.36	22.91	233.60	0.83	6.00	2.12
苔草	地上	15.41	0.69	7.99	4.28	0.86	12.03	221.97	22.33	238.36	0.15	4.51	0.75
	地下	12.59	0.37	0.97	2.77		19.25	916.97	20.76	237.39	0.13	4.94	0.75

从对 4 种林分林下活地被物的营养元素含量的分析中可以得出这样的结论：从同一木本植物不同部位养分元素的含量来看，N、P、K、Ca、Mg 元素是植物所必需的大量元素，在植物生命活动中起着极为重要的作用，而叶作为同化器官，在植物生长过程中生命活动最为活跃，需要大量的营养元素向其输送来满足生长代谢需求，因而大量元素 N、P、K、Ca、Mg 在叶中的含量明显高于其他器官；根部的 N、K、Mg 元素的含量次之，说明根系作为连接植物和土壤的

中枢，既是植物营养物质和水分的主要吸收器官，也是营养物质储存库；Ca 元素的含量基本上是茎部次之，这主要是因为 Ca 元素不易流动和易在老组织中积累。大量元素含量的排列顺序为 N > K > Ca > Mg > P 或 N > Ca > K > Mg > P。Fe、Mn、Zn 元素作为参与光合作用的重要元素，部分植物是在树叶中的含量最高，但也有部分是在树根中含量最高，可能是因为采样时间不同(3 月和 9 月)所造成的，由于各种植物所处的生长时期对各元素的需求不同，在 9 月份采时，湖南正处于"秋燥"时期，植物生长缓慢，有的植物正逐渐进入停止生长期，对各种元素的需求量下降或者有些元素已转移到其他器官。微量元素含量的排列顺序基本上为 Fe(Mn) > Mn(Fe) > Zn > Cu > Ni > Pb > Cd。

而在草本植物中，大量元素含量基本上表现为地上部分 > 地上部分。其排列顺序基本上为 N > K > Ca > Mg > P。这是因为草本层地上部分主要是叶，叶作为光合作用的主要器官，相应地大量元素含量高于地下部分。整体上来说，微量元素含量在地上部分与地下部分中相差不大，只有 Fe 元素含量地下部分比地上部分多 2～3 倍，说明草本植物地下根对 Fe 的富集能力强。植物微量元素 Fe 的含量最高，Cd 元素最小，排列顺序为 Fe > Mn > Zn > Cu > Ni > Pn > Cd。

8.1.3 不同林分类型枯落物营养元素含量的差异分析

不同林分类型枯落物不同层次中营养元素的含量有一定变化规律(见表 8-9)：N、P 元素表现为 H 层 > F 层 > L 层，K、Ca、Mg 元素则正好相反；微量元素 Cu、Fe、Zn、Mn、Cd、Ni、Pb 都是 H 层 > F 层 > L 层。

枯落物的营养元素的含量主要受人工林树种及林下植被的组成的影响，因而不同林分枯落物层营养元素含量存在较大差别。研究结果表明，N、P、Ca、Mg 元素含量都是阔叶林高于针叶林，说明阔叶林归还土壤养分能力强于针叶林。N、P 元素含量的排列顺序为枫香林 > 樟树林 > 湿地松林 > 杉木林；枯落物中 K 元素的含量明显低于活地被物，说明其在老组织脱落以前就已经大量转移或分解较快而容易被淋洗。枫香林和樟树林枯落物中 Ca 元素的含量明显高于活地被物，这主要是 Ca 元素易在老组织中积累，不容易转移。K、Ca 元素含量的排列顺序是樟树林 > 枫香林 > 杉木林 > 湿地松林。且 K 元素在樟树林和枫香林的含量几乎完全一样，在湿地松林和杉木林的含量也非常接近，这与俞益武等在潮州的研究结论相同。但不同林分 Ca 元素的含量变化较大，这也和梁宏温等在广西宜山的研究结果相同。Mg 元素的排列顺序为枫香林 > 樟树林 > 杉木林 > 湿地松林；微量元素 Cu、Fe、Zn 元素的含量为湿地松林 > 枫香林 > 樟树林 > 杉木林；Mn 元素的含量为湿地松林 > 樟树林 > 枫香林 > 杉木林；Cd 元素的含量为枫香林 > 樟树林 > 湿地松林 > 杉木林；Ni 元素的含量为枫香林 > 樟树林 > 湿

地松林 > 杉木林；Pb 元素的含量为湿地松林 > 枫香林 > 杉木林 > 樟树林。

表 8-9　不同林分类型枯落物营养元素含量比较表

林分类型	层次	N	P	K	Ca	Mg	Cu	Fe	Zn	Mn	Cd	Ni	Pb
		g/kg					mg/kg						
湿地松林	L层	6.38	0.41	0.39	4.57	0.37	6.10	338.68	30.94	310.80	0.12	4.71	4.94
	F层	10.65	0.49	0.09	4.39	0.30	10.17	763.22	34.94	300.44	0.20	4.90	5.60
	H层	13.36	0.77	0.06	3.79	0.28	10.58	971.35	36.05	347.23	0.26	6.38	11.48
	平均	11.55	0.65	0.13	4.05	0.30	9.65	813.47	34.88	268.91	0.20	5.79	9.18
杉木林	L层	4.45	0.20	0.44	6.66	0.86	3.99	245.35	20.37	206.85	0.13	1.97	6.672
	F层	8.24	0.65	0.26	6.31	0.64	5.08	515.39	21.95	232.07	0.17	3.77	7.941
	H层	12.95	0.86	0.03	6.02	0.46	5.33	811.40	22.18	233.26	0.19	5.26	9.300
	平均	9.63	0.64	0.19	6.56	0.61	4.92	594.50	21.65	226.08	0.17	4.05	8.30
樟树林	L层	9.45	0.84	0.97	13.46	1.61	4.91	318.40	21.56	236.24	0.21	4.47	3.05
	F层	11.82	0.82	0.69	12.89	1.04	5.16	440.60	22.58	239.42	0.24	4.93	3.93
	H层	12.71	0.58	0.50	12.16	1.01	6.00	813.95	23.75	240.11	0.26	6.64	4.85
	平均	11.85	0.69	0.64	12.61	1.13	5.56	616.42	23.00	239.26	0.24	5.76	4.26
枫香林	L层	12.61	0.41	0.66	12.49	1.93	5.32	319.32	22.61	237.31	0.23	8.34	4.40
	F层	13.52	0.86	0.63	9.04	1.71	5.67	358.58	23.35	237.54	0.24	9.09	6.67
	H层	13.72	1.01	0.34	8.51	0.96	6.57	781.16	23.84	239.21	0.33	10.15	10.31
	平均	13.62	0.94	0.43	8.84	1.21	6.26	646.32	23.65	238.68	0.24	9.78	9.06

8.2　不同林分类型林下植被和枯落物的养分积累与分布

8.2.1　湿地松人工林

由表 8-10a，表 8-10b 可知：湿地松林分幼树和灌木层的营养元素积累量分别为 108.88kg/hm², 35.58kg/hm²，积累量都是相当高的，这可能与湿地松林分密度适中，灌木植物和幼树种类虽少但个体生长良好有关。幼树和灌木植物中大量元素的积累量分别为 103.80kg/hm²、34.83kg/hm²，占总营养元素积累量的 95.33% 和 97.90%，幼树和灌木层各元素积累量的排列顺序相同，为 N >

Ca > K > Mg > P，其中，N 元素占 37.71% 和 41.10%，Ca 元素占 30.68% 和 35.63%。幼树和灌木植物中微量元素的积累量分别为 5087.69g/hm² 和 746.94g/hm²，占总营养元素积累量的 4.67% 和 2.10%，各元素积累量的排列顺序一致，为 Mn > Fe > Zn > Pb > Cu > Ni > Cd，其中 Cd、Ni 和 Cu 元素的积累量非常少，三者之和仅占 0.07%、0.06%。

表 8-10a　湿地松林林下植被和枯落物大量元素的积累和分布

层　次	生物量 (t/hm²)	营养元素（kg/hm²）					
		N	P	K	Ca	Mg	小计
幼树层	5.16	41.05	3.54	19.89	33.41	5.90	103.80
百分比(%)		37.71	3.25	18.27	30.68	5.42	95.33
灌木层	2.20	14.62	1.03	4.30	12.68	2.20	34.83
百分比(%)		41.10	2.89	12.07	35.63	6.19	97.90
草本层	1.09	13.02	1.00	6.14	2.92	1.89	24.98
百分比(%)		50.73	3.91	23.91	11.38	7.37	97.29
枯落物层	20.30	234.39	13.22	2.65	80.23	6.44	336.92
百分比(%)		64.90	3.66	0.73	22.22	1.78	93.29

表 8-10b　湿地松林林下植被和枯落物微量元素的积累和分布

层　次	生物量 (t/hm²)	营养元素（kg/hm²）							
		Cu	Fe	Zn	Mn	Cd	Ni	Pb	小计
幼树层	5.16	52.18	1166.61	197.28	3522.19	2.48	17.87	129.10	5087.69
百分比(%)		0.05	1.07	0.18	3.23	0.00	0.02	0.12	4.67
灌木层	2.20	14.79	228.36	71.73	396.14	0.64	8.32	26.97	746.94
百分比(%)		0.04	0.64	0.20	1.11	0.00	0.02	0.08	2.10
草本层	1.09	13.20	422.62	21.51	220.25	0.14	2.93	15.50	696.16
百分比(%)		0.05	1.65	0.08	0.86	0.00	0.01	0.06	2.71
枯落物层	20.30	183.28	16514.18	656.92	5459.21	3.26	121.47	1282.72	24221.03
百分比(%)		0.05	4.57	0.18	1.51	0.00	0.03	0.36	6.71

草本植物的营养元素积累量为 25.67kg/hm²，其中大量元素的积累量为 24.98kg/hm²，占 97.29%，排列顺序为：N > K > Ca > Mg > P。其中，N 元素占

50.73%，K 元素占 23.91%。微量元素的积累量为 696.16g/hm²，占 2.71%，各元素积累量的排列顺序为：Fe > Mn > Zn > Pb > Cu > Ni > Cd，其中 Cu、Cd、Ni 元素的积累量非常少，仅占 0.06%。

湿地松林分枯枝落叶层较厚，其积累的营养元素量很大，为 361.14kg/hm²，其中大量元素的积累量为 336.92kg/hm²，占 93.29%，排列顺序为：N > Ca > P > Mg > K，其中 N 元素占 64.90%，Ca 元素占 22.22%；微量元素的积累量为 40368.39g/hm²，占 6.71%，排列顺序为：Fe > Mn > Pb > Zn > Cu > Ni > Cd，其中 Cu、Cd、Ni 元素的积累量也很少，仅占 0.08%。。

由此可见，枯落物层所积累的营养元素量是相当丰富的，占林下植被养分积累量的 68%（图 8-1），幼树占 20%，灌木层占 7%。草本植物较少，因而养分积累量偏低，仅占 5%。

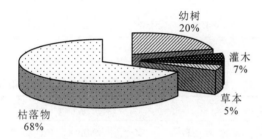

图 8-1　湿地松林林下植被和枯落物营养元素积累与分布

8.2.2　杉木人工林

由表 8-11a，表 8-11b 可知：杉木林幼树营养元素的积累量为 24.27kg/hm²，其中大量元素的积累量占 98.49%，各元素积累量的排列顺序一致：N > K > Ca > P > Mg，N 元素的积累量最高，占 36.24%；其次为 K 元素，占 32.60%；Ca 元素占 19.48%。微量元素的积累量仅为 366.63g/hm²，占总营养元素积累量的 1.51%，各元素积累量的排列顺序为：Fe > Mn > Cu > Zn > Pb > Ni > Cd，其中 Pb、Ni、Cd 元素的积累量非常少，它们之和仅占 0.02%。

灌木层的营养元素积累量较少，仅为 7.48kg/hm²，这可能是杉木林分树冠浓密，抑制了灌木植物的生长造成的。灌木植物中大量元素的积累量占 98.62%，各元素积累量的排列顺序一致：N > Ca > K > P > Mg，N 元素的积累量占 39.92%，Ca 元素占 33.17%，K 元素占 18.33%。微量元素的积累量仅为 102.93g/hm²，占总营养元素积累量的 1.38%，各元素积累量的排列顺序为 Mn > Fe > Zn > Cu > Pb > Ni > Cd，其中 Pb、Ni、Cd 元素的积累量非常少，它们之和仅占 0.02%。

表 8-11a　杉木林林下植被和枯落物大量元素的积累和分布

层　次	生物量 (t/hm²)	营养元素(kg/hm²)					
		N	P	K	Ca	Mg	小计
幼树层	0.87	8.80	1.33	7.91	4.73	1.14	23.91
百分比(%)		36.24	5.48	32.60	19.48	4.70	98.49
灌木层	0.28	2.99	0.26	1.37	2.48	0.28	7.37
百分比(%)		39.92	3.49	18.33	33.17	3.68	98.62
草本层	2.80	34.31	4.60	23.21	9.60	7.66	79.37
百分比(%)		42.32	5.67	28.62	11.84	9.44	97.90
枯落物层	8.82	84.90	5.62	1.15	61.93	5.34	158.93
百分比(%)		51.00	3.38	0.69	37.21	3.21	95.48

表 8-11b　杉木林林下植被和枯落物微量元素的积累和分布

层　次	生物量 (t/hm²)	营养元素(kg/hm²)							
		Cu	Fe	Zn	Mn	Cd	Ni	Pb	小计
幼树层	0.87	21.20	197.88	14.61	128.15	0.05	2.17	2.57	366.63
百分比(%)		0.09	0.82	0.06	0.53	0.00	0.01	0.01	1.51
灌木层	0.28	2.32	32.75	4.08	61.77	0.01	1.02	0.97	102.93
百分比(%)		0.03	0.44	0.05	0.83	0.00	0.01	0.01	1.38
草本层	2.80	38.76	1168.50	104.03	378.27	0.23	11.62	2.56	1703.97
百分比(%)		0.05	1.44	0.13	0.47	0.00	0.01	0.00	2.10
枯落物层	8.82	43.36	5240.84	188.72	1984.08	1.21	35.74	24.80	7518.76
百分比(%)		0.03	3.15	0.11	1.19	0.00	0.02	0.01	4.52

　　草本植物中营养元素的积累量为 81.07kg/hm²，积累量较大，说明杉木林分中草本植物较为密集。其中大量元素的积累量为 79.37kg/hm²，占 97.90%，排列顺序为 N > K > Ca > Mg > P。其中，N、K 元素分别占 42.32% 和 28.62%。微量元素的积累量为 1703.97g/hm²，占 2.10%，各元素积累量的排列顺序为 Fe > Mn > Zn > Cu > Ni > Pb > Cd，其中 Cd、Ni、Pb 元素的积累量非常少，它们之和仅占 0.01%。

杉木林分枯枝落叶层较厚，营养元素的积累量也相当高，为166.45kg/hm²，其中大量元素的积累量为158.93kg/hm²，占95.48%，而N和Ca元素则分别贡献了51%、37.20%的积累量，其积累量排列顺序为N > Ca > P > Mg > K；微量元素的积累量为9398.45g/hm²，占4.52%，其积累量排列顺序为Fe > Mn > Zn > Cu > Ni > Pb > Cd，Cd、Ni、Pb元素积累量之和仅占0.03%。

由此可见，杉木林幼树和灌木层植物营养元素的积累量较少，两者合计仅占10%(图8-2)，而枯枝落叶较多，生物量较大，枯落物层营养元素的积累量达到了63%，草本层营养元素的积累量为27%。

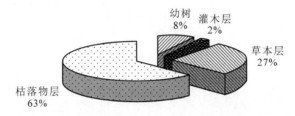

图8-2 杉木林林下植被和枯落物营养元素积累与分布

8.2.3 樟树人工林

研究结果表明(表8-12a，表8-12b)：樟树林分密度大，林下植被偏少。其幼树营养元素的积累量偏低，为5.71kg/hm²，其中，大量元素的积累量为5.61kg/hm²，占总营养元素积累量的98.23%，各元素积累量的排列顺序为N > Ca > K > Mg > P，而N、Ca元素的积累量分别占45.53%、28.69%；微量元素的积累量为102.12g/hm²，占总营养元素积累量的1.79%，各营养元素积累量的排列顺序为Mn > Fe > Zn > Cu > Ni > Pb > Cd，其中Ni、Pb和Cd元素的积累量非常少，三者之和仅占0.03%。

灌木层营养元素的积累量为31.96kg/hm²(表8.12-a，表8.12-b)，其中，大量元素的积累量为31.24kg/hm²，占总营养元素积累量的97.73%，各元素积累量的排列顺序是：N > K > Ca > Mg > P，而N、K、Ca元素的积累量分别占34.85%、27.97%、25.31%；微量元素的积累量为726.22g/hm²，占总营养元素积累量的2.27%，各元素积累量的排列顺序为Fe > Mn > Zn > Cu > Ni > Pb > Cd，其中Ni、Pb和Cd元素的积累量非常少，三者之和仅占0.03%。

草本植物营养元素的积累量为8.94kg/hm²，其中大量元素的积累量占97.96%，排列顺序为N > K > Ca > Mg > P，N、K和Ca合计占85.32%。微量元素的积累量为182.77g/hm²，占2.04%，各元素积累量的排列顺序为Fe > Mn >

Zn > Cu > Ni > Pb > Cd，其中 Cd、Ni 和 Pb 元素的积累量非常少，占 0.01%。

　　枯落物营养元素的积累量为 202.78kg/hm²，其中大量元素的积累量为 196.11kg/hm²，占 96.71%，排列顺序为 N > Ca > Mg > P > K；微量元素的积累量为 6670.82g/hm²，占 3.29%，排列顺序为 Fe > Mn > Zn > Cu > Pb > Ni > Cd。

表 8-12a　樟树林林下植被和枯落物大量元素的积累与分布

层　次	生物量（t/hm²）	营养元素（kg/hm²）					
		N	P	K	Ca	Mg	小计
幼树层	0.26	2.60	0.11	0.81	1.64	0.45	5.61
百分比（%）		45.53	1.96	14.25	28.69	7.80	98.23
灌木层	1.72	11.14	0.97	8.94	8.09	2.10	31.24
百分比（%）		34.85	3.03	27.97	25.31	6.58	97.73
草本层	0.30	3.46	0.32	2.48	1.67	0.82	8.76
百分比（%）		38.74	3.57	27.77	18.69	9.18	97.96
枯落物层	7.46	84.58	5.19	3.72	94.20	8.43	196.11
百分比（%）		41.71	2.56	1.83	46.45	4.16	96.71

表 8-12b　樟树林林下植被和枯落物微量元素的积累和分布

层　次	生物量（t/hm²）	营养元素（kg/hm²）							
		Cu	Fe	Zn	Mn	Cd	Ni	Pb	小计
幼树层	0.26	2.06	42.06	4.73	51.99	0.05	0.97	0.29	102.15
百分比		0.04	0.74	0.08	0.91	0.00	0.02	0.01	1.79
灌木层	1.72	13.05	416.55	29.93	259.19	0.89	4.86	1.76	726.22
百分比		0.04	1.30	0.09	0.81	0.00	0.02	0.01	2.27
草本层	0.30	4.29	123.38	6.20	47.34	0.05	1.15	0.36	182.77
百分比		0.05	1.38	0.07	0.53	0.00	0.01	0.00	2.04
枯落物层	7.46	41.52	4600.37	171.89	1778.89	1.85	43.93	32.37	6670.82
百分比		0.02	2.27	0.08	0.88	0.00	0.02	0.02	3.29

　　由此可见，樟树林分林下活地被物所积累的营养元素量较少，仅占林下地被物营养元素积累量的 19%，而枯落物所积累的营养元素量较大（图 8-3），占林下地被物积累量的 81%。

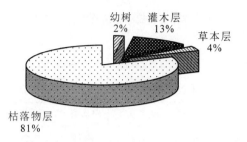

图 8-3　樟树林林下植被和枯落物养分的积累与分布

8.2.4　枫香人工林

由表 8-13a，表 8-13b 所示的研究结果可知：枫香林分幼树所积累的养分总量为 27.96kg/hm²，而大量元素的积累量则达到了 27.34kg/hm²，占总营养元素积累量的 97.77%，各元素积累量的排列顺序为 N > Ca > K > Mg > P，其中，N 元素的积累量就占了 47.51%；微量元素的积累量为 622.41g/hm²，占总营养元素积累量的 2.23%，各元素积累量的排列顺序为 Mn > Fe > Zn > Cu > Ni > Pb > Cd，其中 Ni、Pb 和 Cd 元素的积累量极少，三者之和仅占 0.03%。

灌木层营养元素的积累量为 39.92kg/hm²，其中大量元素的积累量就为 39.02kg/hm²，占总营养元素积累量的 97.74%，各元素积累量的排列顺序为 N > K > Ca > P > Mg，其中，N 元素的积累量就占了 49.25%；微量元素的积累量为 900.58g/hm²，占总营养元素积累量的 2.26%，各元素积累量的排列顺序为 Fe > Mn > Zn > Cu > Ni > Pb > Cd，其中 Ni、Pb 和 Cd 元素的积累量相当少，三者之和仅占 0.03%。

草本植物营养元素的积累量为 22.57kg/hm²，其中大量元素的积累量占 97.93%，排列顺序为 N > K > Ca > Mg > P，而 N 和 K 元素的积累量分别占 48.13%、24.88%。微量元素的积累量为 466.82g/hm²，占 2.07%，各元素积累量的排列顺序为 Fe > Mn > Zn > Cu > Ni > Pb > Cd，其中 Ni、Pb 和 Cd 元素的积累量很低，仅占 0.01%。

枯枝落叶层积累的营养元素总量为 133.37kg/hm²，其中大量元素的积累量为 128.51kg/hm²，占 96.36%，排列顺序为 N > Ca > Mg > P > K；微量元素的积累量为 4857.67g/hm²，占 3.64%，排列顺序为 Fe > Mn > Cu > Zn > Ni > Pb > Cd。

由此可见，因枫香林分密度偏大，林下活地被物偏少，使得林下活地被物营养元素的积累量较少，而枯落物所积累的营养元素量则相对较多（如图 8-4 所示），幼树、灌木层和草本层共积累的营养元素的量占林下地被物营养元素的总积累量的 40%，而枯落物营养元素的积累量则占到了 60%。

表 8-13a　枫香林林下植被和枯落物大量元素积累和分布表

层　次	生物量 (t/hm^2)	营养元素（kg/hm^2）					
		N	P	K	Ca	Mg	小计
幼树层	1.41	13.28	0.88	4.55	6.14	2.48	27.34
百分比（%）		47.51	3.14	16.28	21.96	8.88	97.77
灌木层	3.13	19.66	1.56	8.88	7.39	1.53	39.02
百分比（%）		49.25	3.92	22.23	18.50	3.84	97.74
草本层	0.66	10.86	0.86	5.62	2.92	1.85	22.11
百分比（%）		48.13	3.81	24.88	12.92	8.20	97.93
枯落物层	5.21	69.14	4.90	2.26	46.04	6.18	128.51
百分比（%）		51.84	3.67	1.69	34.52	4.63	96.36

表 8-13b　枫香林林下植被和枯落物微量元素积累和分布表

层　次	生物量 (t/hm^2)	营养元素（kg/hm^2）							
		Cu	Fe	Zn	Mn	Cd	Ni	Pb	小计
幼树层	1.41	13.11	276.83	27.15	297.41	0.17	5.65	2.09	622.41
百分比（%）		0.05	0.99	0.10	1.06	0.00	0.02	0.01	2.23
灌木层	3.13	21.42	425.79	38.51	405.05	0.21	6.85	2.74	900.58
百分比（%）		0.05	1.07	0.10	1.01	0.00	0.02	0.01	2.26
草本层	0.66	9.47	292.44	14.36	146.66	0.12	3.16	0.62	466.82
百分比（%）		0.04	1.30	0.06	0.65	0.00	0.01	0.00	2.07
枯落物层	5.21	25.49	3366.26	123.43	1243.11	1.24	50.93	47.20	4857.67
百分比（%）		0.019	2.524	0.093	0.932	0.001	0.038	0.035	3.64

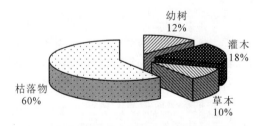

图 8-4　枫香林林下植被和枯落物营养元素的积累与分配

8.2.5 不同林分类型营养元素积累量的比较分析

如图8-5和图8-6所示的研究结果表明：与4种林分林下植被生物量的大小相对应，湿地松林分林下活地被物营养元素的积累量最大，为170.13kg/hm²，杉木林其次，为112.82kg/hm²，樟树林最小，为46.62kg/hm²。但枯落物养分的积累量却并不与其生物量完全一致，4种林分枯落物生物量的排列顺序为湿地松林 > 杉木林 > 樟树林 > 枫香林，而其枯落物的养分积累量的排列顺序则为湿地松林 > 樟树林 > 杉木林 > 枫香林，说明在枯落物生物量相同的情况下，阔叶林枯落物养分的积累量高于针叶林，也进一步说明阔叶林比针叶林在维持林地肥力方面具有更为积极的作用。

由此可见，林下活地被物和枯落物都积累了较为丰富的养分，因此在林业生产实践工作中，应尽可能地保留林下植被和枯枝落叶，以避免森林生态系统养分的损失，更好地恢复和维护林地的地力。

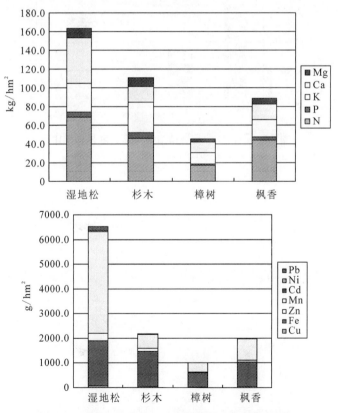

图8-5 不同林分类型林下植被营养元素积累量比较

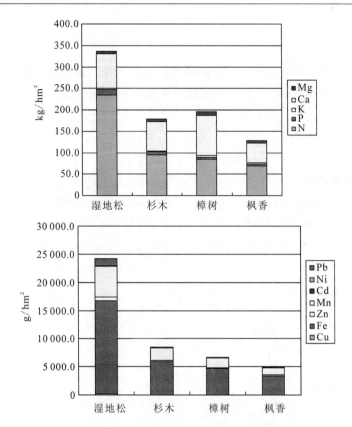

图8-6 不同林分类型枯落物营养元素积累量比较

9 长沙市城乡交错带典型人工林土壤性状分析与肥力评价

9.1 土壤性状分析

9.1.1 土壤物理性质

土壤物理性质通过对土壤湿度、温度、通气性、土壤化学反应甚至有机质积累的作用，显著地影响着林木的生长和分布，一些土壤物理性质指标如容重、有效水分含量、孔隙度等是土壤质量评价的重要指标。一些造林整地措施、中幼林抚育措施以及营林措施的实施就是为了改善土壤的物理性质，因此，研究不同林分的土壤物理性质，不仅可以了解植被对土壤物理性质程度的影响，还可以为森林经营提供重要的科学依据。

9.1.1.1 土壤容重指标

容重是反映土壤紧实度的一个敏感性指标，有研究表明，土壤容重值在 $1.0g/cm^3$ 时，任何含水量条件下，对作物根系的伸展都无机械抵抗力，容重值过高（大于 $1.4g/cm^3$）尤其是超过植物的极限容重后，就会影响到根的延伸生长；另外，容重值过高也会影响降水的渗透率以及土壤的通气性能，但是容重值过低，也会影响土壤的支撑植物的性能。由此看来，土壤容重是表征土壤质量以及宜林性能的一个重要参数，在森林土壤质量评价中有重要的作用。

从图 9-1 可以看出，各林地土壤容重的大小顺序为湿地松林 > 枫香林 > 樟树林 > 杉木林。湿地松林平均容重高达 $1.55g/cm^3$，不利于根系延伸生长。同一林分内不同土层土壤容重差异不明显，且基本上随土层深度增加容重增大。林地表土层的容重较小，主要是因为地表有枯落物，枯落物分解转化过程中形成的腐殖质使表层土壤形成良好的团粒结构使其疏松多孔。

9.1.1.2 土壤孔隙度指标

分布在土壤固相物质间的孔隙既是容纳林地降水的主要通道，又能供应森林植物生长所需水和氧气。土壤的总孔隙度一般用土壤容重和土粒密度数据进行计算获得。总孔隙主要包括毛管孔隙和非毛管孔隙，二者所起的作用不同。影响森林土壤孔隙状况的自然因素主要有质地类型、结构、有机质含量以及林木的根系等。另外，营林生产过程中的人为干扰，也能显著地改变土壤的孔隙状况。对研究区内4种林分土壤毛管孔隙状况的统计结果见图9-2，各林地土壤毛管孔隙度的大小顺序为湿地松林分＞枫香林分＞樟树林分＞杉木林分。在同一林分内不同土层土壤毛管孔隙度随土层深度增加呈下降趋势。在三个土层中0～20cm层到20～40cm层土壤毛管孔隙度下降按杉木林、樟树林、湿地松林、枫香林顺序分别为1%，4.5%，0，2.1%；20～40cm层到40～60cm层土壤毛管孔隙度下降分别为11.6%，3.2%，1.7%，6.2%。从上面的数据可以看出0～20cm层到20～40cm层下降最明显的是樟树林，而20～40cm层到40～60cm层下降最明显的是湿地松林，达到了11.6%，这是因为湿地松林地的40～60cm层土层中有较多砾石。

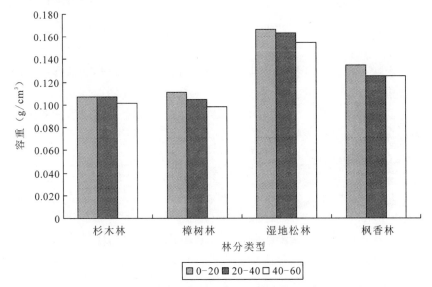

图9-1　各林分类型土壤容重

　　土壤是森林植被赖以生存的物质基础，森林植被所需的水、肥及微量元素等都通过植物根部系统从土壤中吸收，而土壤团粒间的非毛管孔隙主要起到透气作用，有利于好氧性微生物的活动，使土壤养分分解迅速，及时为植物供肥，从而协调了土壤保肥与供肥的矛盾。研究表明，土壤中大小孔隙同时存在，土壤总孔隙度在50%左右，而毛管孔隙在30%～40%之间，非毛管孔隙在10%～20%，则比较理想；若总孔隙大于60%～70%，则过分疏松，难于立苗，不能保水；土壤非毛管孔隙度在20%～40%时，对植被生长较有利；当非毛管孔隙度小于10%时，土壤便不能保证通气良好，若非毛管孔隙度小于6%，则许多植物不能正常生长。同时，非毛管孔隙为土壤水分的暂时贮存提供了空间，这种贮存水对植物的生长和森林阻延洪水，从而防治山洪的作用都极为重要。因此在森林土壤质量的研究上，非毛管孔隙度是一个重要的评价因子。

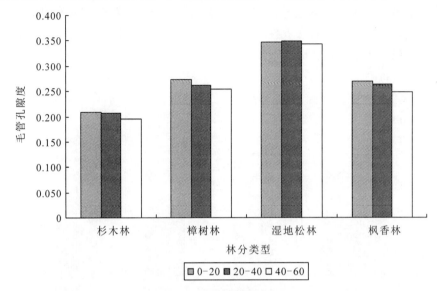

图 9-2　各林分类型土壤毛管孔隙度

土壤总孔隙度依据土壤容重和土粒密度计算得出，且与容重呈反比，故土壤总孔隙度随土层厚度增加而降低。从表 9-1 可以看出，4 种林分的总孔隙度基本都在 50% 左右，湿地松林土壤总孔隙度最大，杉木林最小。4 种林分的非毛管孔隙度基本都在 20% 左右，杉木林最大，湿地松林最小。4 种林分的总孔隙度和非毛管孔隙度比较理想，通气性和渗透性较好。

表 9-1　各林分类型土壤总孔隙度和非毛管孔隙度

林分	土层（cm）	总孔隙度	非毛管孔隙度
杉木林	0 ~ 20	0.434	0.225
	20 ~ 40	0.407	0.200
	40 ~ 60	0.404	0.208
樟树林	0 ~ 20	0.494	0.220
	20 ~ 40	0.483	0.222
	40 ~ 60	0.472	0.219
湿地松林	0 ~ 20	0.573	0.190
	20 ~ 40	0.523	0.174
	40 ~ 60	0.516	0.173
枫香林	0 ~ 20	0.468	0.198
	20 ~ 40	0.463	0.199
	40 ~ 60	0.443	0.196

9.1.1.3 土壤自然含水率

土壤水分是影响养分有效性的重要因素，土壤水分含量既影响根系的生长，也影响土壤养分向根表的迁移速度及距离，决定根系的发展方向和纵向范围，从而严重影响土壤养分的有效性。因此，只有水分状况适宜的条件下土壤养分才会发挥最大作用。各林地土壤自然含水率如图9-3所示。

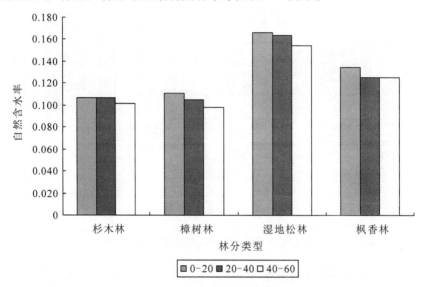

图9-3　各林分土壤自然含水率

从图9-3中可以看出，土壤平均自然含水率由高到低排列顺序为湿地松林 > 枫香林 > 樟树林 > 杉木林。湿地松林各土层的自然含水率最高，远大于其他林地，这和湿地松林的毛管孔隙度呈正相关，毛管孔隙度高，保水性能就好。杉木林的含水量相差不大，且低于其他三种林分，这和土壤内含有较多砾石有关。

9.1.1.4 土壤毛管孔隙度与土壤自然含水率的关系

土壤毛管孔隙度大的林分，其保水能力就强，因此两者关系密切。对4种林分毛管孔隙度和自然含水率的相关分析表明（见图9-4），二者是呈正相关的，相关系数为0.8896，达到了极显著水平。

9.1.2　土壤化学性质

土壤化学指标是衡量植物养分、污染物在土壤中的存在状态和浓度，以及它们对植物生长发育、动物及人群健康的直接或间接影响。由于土壤化学指标种类很多，且土壤类型以及土壤利用方式的复杂性，针对土壤质量的评价，不同学者从不同土壤功能角度提出一系列的土壤化学指标。美国、加拿大等国家的森林健康监测主要关注土壤酸度以及盐基离子的演变，我国对土壤化学指标的研究则主要集中于酸度、铝离子、土壤有机碳以及土壤养分等方面。本项研究的目的，就是系统了解不同林分土壤化学性质指标的特征以及影响程度，为森林土壤肥力质量评价提供依据。

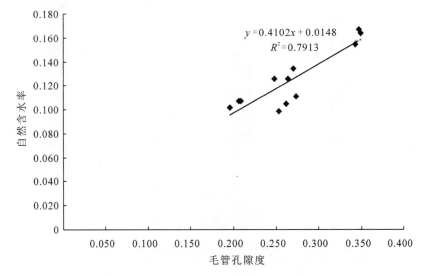

图9-4 土壤毛管孔隙度与自然含水率的关系

9.1.2.1 土壤pH值

图9-5表明，各林分土壤平均pH值在3.81~4.37之间，都为强酸性（pH<4.5）。各林分均随土层深度增加酸性减弱。土壤表层（0~20cm）的酸性由强到弱排列顺序为湿地松林>樟树林>枫香林>杉木林，且差异明显。4种林分的pH值变化呈现阔叶树林地大于针叶树林地，这是因为针叶林地有大量凋落物存在，且针叶分解过程缓慢，分解过程中容易产生大量的有机酸。

9.1.2.2 土壤有机质

土壤有机质是土壤固相的一个重要组成部分，它与土壤矿质部分共同作为林木营养的来源，它的存在还改变或影响着土壤的一系列物理、化学和生物的性质，对于提高土壤肥力具有重要的作用。图9-6表明，各林分土壤有机质呈现出随土层加深而减小的垂直变化规律，森林土壤有机质主要来源于森林植被的凋落物的分解和淋溶，因此表层土壤有机质的含量显著地高于20~40cm层和40~60cm层。杉木林和樟树林土壤有机质含量由0~20cm层到20~40cm层分别下降了32.3%，23.4%，而湿地松林和枫香林分别降低了11.1%，4.8%。可能原因是阔叶林的凋落物比针叶林容易腐烂分解，表层有机质积累也就较多。

比较各林分的 0~20cm 层有机质，杉木林的含量高达 25.06g/kg，最小为湿地松林，为 14.37g/kg。

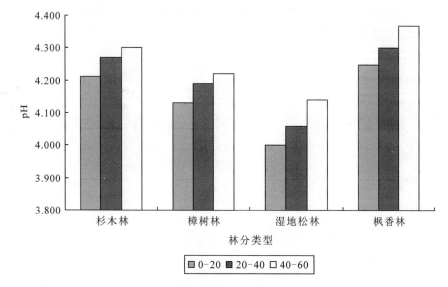

图9-5　各林分土壤 pH 值

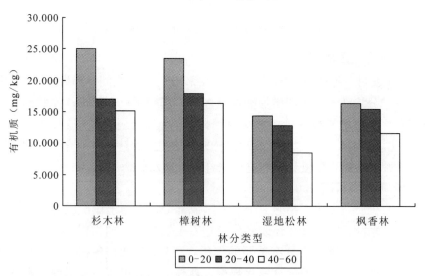

图9-6　各林分土壤有机质含量

9.1.2.3　土壤 N 素含量

土壤 N 素含量指标包括全 N 和有效 N。在无施肥过程的森林生态系统中，森林土壤中95%的 N 素来源于凋落物。由于大量凋落物的存在，使得森林土壤成为森林生态系统中最大的 N 库，可超过生态系统总 N 量的90%。但是，土壤中大部分的 N 是以有机形式存在的，对于植物吸收以及 N 的淋溶是无效的。因此，在森林生态系统中，N 成为许多地区树木生长最重要的限制性因子。在人工林集约经营过程中，常常需要施入大量的 N 肥，但在以水源涵养功能为主的生态公益林，化学肥料的施用几乎是不现实的，只有通过生物技术进行调节。对林地土壤 N 素的研究，就是要了解不同林分类型下土壤的贮量以及供应水平，为营林过程中树种的选择和对现有林分更好经营管理提供理论依据。

全 N 是一般用来衡量土壤 N 素水平的重要指标。在对研究区域土壤全 N 的统计分析(表明见图 9-7)，各林地土壤全 N 含量的大小顺序为杉木林 > 枫香林 > 湿地松林 > 樟树林，含量分别为 0.47g/kg、0.45g/kg、0.3g/kg、0.28g/kg。杉木林、枫香林土壤全 N 含量明显大于其他两种林分。各林分全 N 含量均随土层深度增加而减少，杉木林和枫香林土壤全 N 含量由 0 ~ 20cm 层到 20 ~ 40cm 层分别下降了 31.7%，23.6%，而湿地松林和樟树林分别降低了 11.8%，14.7%，变化规律与土壤有机质相同。土壤全 N 含量由 20 ~ 40cm 层到 40 ~ 60cm 层变化范围不大，在 8.8% ~ 10.4% 之间。

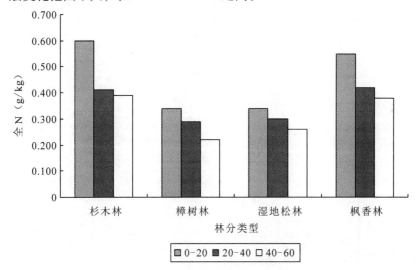

图 9-7　各林分土壤全 N 含量

土壤有效 N 在森林生态系统中具有高度的异质性，并且常与植物物种分布的变化相联系，土壤有效 N 在植物群落中的空间格局常受群落中物种组成或物种大小的影响，杨万勤等研究得出土壤中有效 N 含量与物种多样性指数的相关性依乔木层、草本层、灌木层的顺序依次递减。乔木层物种多样性对表层土壤有效 N 含量起决定作用，即乔木层植物的物种越丰富，土壤有效 N 含量越多，说明乔木层植物对于保持土壤中有效 N 有重要作用。草本层的作用次于乔木层，灌木层最弱。由图 9-8 可以看出，各林分土壤有效 N 含量均随土层深度增加而减少。各林地土壤有效 N 含量的大小顺序为杉木林 > 湿地松林 > 樟树林 > 枫香林，平均含量分别为 6.48mg/kg、6.19mg/kg、5.88mg/kg、5.69mg/kg。杉木林地的有效 N 含量高于其他 4 种林分，可能和环境、施肥等有关。

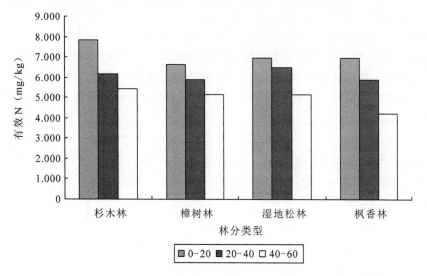

图 9-8　各林分土壤有效 N 含量

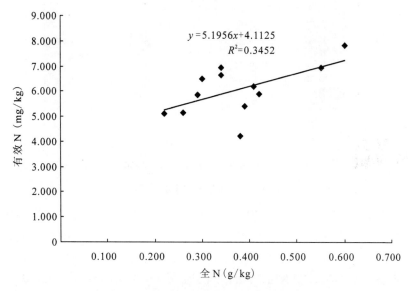

$$y = 5.1956x + 4.1125$$
$$R^2 = 0.3452$$

图 9-9　土壤全 N 含量与有效 N 含量的关系

对 4 种林分全 N 含量与有效 N 含量进行相关分析（图 9-9），结果显示相关系数为 0.5875，土壤有效 N 含量与土壤全 N 含量呈正相关。土壤全 N 含量的变化，会影响有效 N 的供应。

9.1.2.4　土壤 P 素含量

P 是植物生长发育必需的大量元素之一，在自然森林生态系统中，其主要来源于林地凋落物的矿化以及土壤矿质颗粒的风化过程。土壤全 P 包括有机态 P 和无机态 P，大部分 P 素在土壤中是以有机态形式存在的，尤其是森林土壤，不施或很少施入无机磷肥。土壤有机态养分含量占养分总量的 90% 以上，其中无机态磷除含磷矿物外，其有效部分为碱金属、碱土金属的磷酸盐类（HPO_4^{2-}、$H_2PO_4^-$、PO_4^{3-}）。为此，林业上，目前非常注意活化土壤本身固定的 P 素，提高 P 素的利用率。

衡量土壤 P 素含量水平的主要指标是全 P 和有效 P。（图 9-10）4 种林分土壤全 P 的统计分析结果表明，各林地土壤全 P 含量的大小顺序为杉木林 > 湿地松林 > 枫香林 > 樟树林，平均含量分别为 0.333g/kg、0.137g/kg、0.132g/kg、0.108g/kg。杉木林全 P 含量明显大于其他三种林分，可能是杉木林分比较适合全 P 含量的积累。虽然土壤全 P 含量的高低与植物 P 素营养的关系并不密切，但一般认为全 P 含量低于 0.8 ~ 1.0g/kg 时，土壤常出现 P 供应不足，按照这一数据推算，在 4 种林分中，没有一个林分全 P 含量超过 1.0g/kg，因此，研究区域土壤缺 P 现象可能是普遍的。

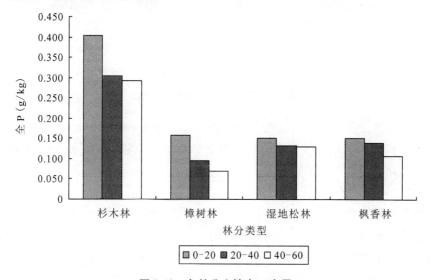

图 9-10　各林分土壤全 P 含量

在土壤全P中，能够被植物吸收利用的P称为有效P，它包括全部水溶性P、土壤胶体表面的弱吸附态或易交换态P，以及一部分微溶性的固相磷酸盐化合物。有效P的高低决定了土壤提供P的能力，因此，有效P是评价土壤肥力质量常用的指标之一。图9-11是研究区域4种林分土壤有效P的统计分析结果，可以看出，各林地土壤有效P含量的大小顺序为杉木林 > 枫香林 > 湿地松林 > 樟树林，平均含量分别为 16.76mg/kg、13.38mg/kg、12.71mg/kg、11.04mg/kg。土壤表层的有效P含量差距不大，在12.59～17.23mg/kg范围内，4种林分土壤有效P含量垂直分布方面均随土层深度增加而减少，0～20cm层到20～40cm层变化最大的是樟树林，减少了17.3%，枫香林减少了14.3%，其他的变化很小。

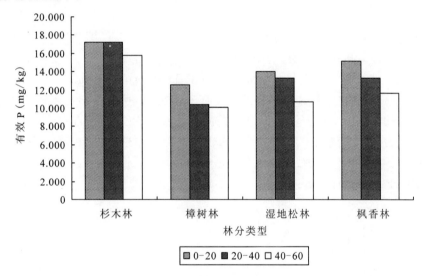

图9-11　各林分土壤有效P含量

对4种林分全P含量与有效P含量进行相关分析（图9-12），结果显示相关系数为0.8766，土壤有效P含量与土壤全P含量呈极显著的正相关，土壤全P含量的变化，会显著地影响有效P的供应。

9.1.2.5　土壤K素含量

地壳中平均含K钾量比N、P多，大约在2.45%左右。土壤K的形态有有效K、缓效K和含K矿物。有效K比例少，占全K的1%～2%，且有水溶性K和代换性K两种形式，其中代换性K是主要形式，缓效K是指粘土矿物晶穴中固定的钾和一些易于风化的含K矿物，是有效K的贮备库。

K素在森林植物生物化学和生态生理中有广泛的作用，在自然森林生态系统中，主要来源于林地凋落物的矿化以及土壤矿质颗粒的风化过程，其中 K 从凋落物中释放的速度一般比其他任何元素快。研究表明，长石质岩类森林土壤矿物质所释放的 K 素，完全可满足这一地区主要造林树种松、栎纯林及其混交林的需要。但植物一般只能吸收利用水溶性和交换性的有效 K，由于植物的生物学特性不同以及土壤养分空间变异性的存在，因此有必要对森林土壤 K 素进行进一步的研究。

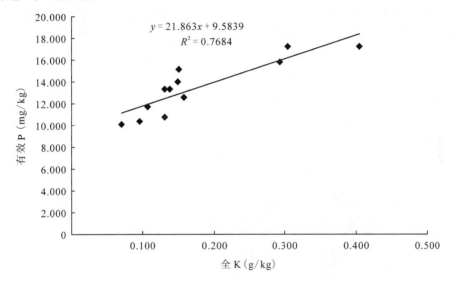

图 9-12　土壤全磷含量与有效 P 含量的关系

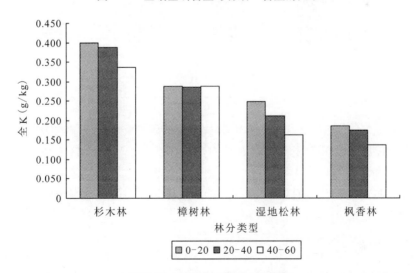

图 9-13　各林分土壤全 K 含量

衡量土壤 K 素含量水平的指标主要是全 K 和有效 K。4 种林分土壤全 K 的统计分析结果表明(图 9-13),各林地土壤全 K 含量的大小顺序为杉木林 > 樟树林 > 湿地松林 > 枫香林,平均含量分别为 0.375g/kg、0.287g/kg、0.207g/kg、0.166g/kg。樟树林土壤全 K 含量在 0 ~ 20cm,20 ~ 40cm,40 ~ 60cm 三层没有变化,其他三种林分土壤全 K 含量均随土层厚度增加而减少,可能是樟树林离居民近,人类活动的干扰较大所致。

在土壤全 K 中,能够被植物直接吸收利用的有效 K,其含量的高低决定土壤供 K 的水平,是评价土壤肥力质量常用的指标之一。研究区域不同林分土壤有效 K 含量的统计分析结果表明(图 9-14),各林地土壤有效 K 含量的大小顺序为杉木林 > 湿地松林 > 枫香林 > 樟树林,平均含量分别为 44.23mg/kg、20.91mg/kg、20.58mg/kg、19.92mg/kg。杉木林土壤有效 K 含量远大于其他三种林分,在 0 ~ 20cm 层到 20 ~ 40cm 层变化最大,减少了 40.4%,其他的林分变化很小。

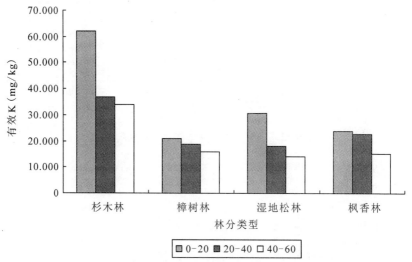

图 9-14 各林分土壤有效 K 含量

对 4 种林分全 K 含量与有效 K 含量进行相关分析(图 9-15),结果显示两者的相关系数为 0.7117,土壤有效 K 含量与土壤全 K 含量呈极显著的正相关,土壤全 K 含量高的林分其有效 K 含量也高,土壤全 K 量的变化,会显著地影响有效 K 的供应。

9.1.3 土壤酶活性

土壤酶活性对森林生态系统物质转化、能量流动和土壤肥力形成起重大作用，且与土壤理化性质和环境条件密切相关，已成为土壤生物指标研究中优先考虑的指标之一，且得到了广泛的应用。但从研究资料来看，我国对土壤酶活性作为土壤质量指标的研究很少，严重滞后于农业土壤中有关土壤酶作为土壤质量的生物活性指标的研究，远不能满足当代森林土壤及森林经营和管理实践的需要。对湖南省林科院试验林场几种林分土壤酶活性的研究，目的在于探讨土壤酶活性与植被类型及土壤肥力之间的关系，为土壤酶作为评价森林土壤肥力质量提供理论依据。

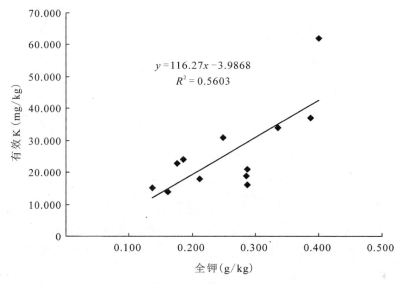

图9-15　土壤全K含量与有效K含量的关系

9.1.3.1　土壤过氧化氢酶活性指标

过氧化氢酶是参与土壤物质和能量转化的一种重要氧化还原酶，具有分解土壤中对植物有害的过氧化氢的作用，在一定程度上反映了土壤生物化学过程的强度。

从图9-16可以看出，土壤过氧化氢酶活性随土层的增加而减小，各林地土壤过氧化氢酶的大小顺序为杉木林>樟树林>湿地松林>枫香林。在3个土层中0～20cm层到20～40cm层土壤过氧化氢酶活性下降按杉木林、樟树林、湿地松林、枫香林顺序分别为5.9%，6.7%，9.1%，30.8%；20～40cm层到40～60cm层土壤过氧化氢酶活性下降分别为12.5%，28.6%，10%，66.7%。从上面的数据可以看出0～20cm层到20～40cm层和20～40cm层到40～60cm层下降最明显的都是枫香林，分别为30.8%，66.7%。土壤表层过氧化氢酶活性最高的是杉木林，为0.017mL/g，说明杉木林林地表层土壤腐质化程度较大，有机质含量积累较多。

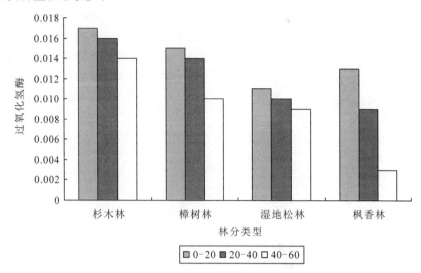

图 9-16　各林分土壤过氧化氢酶活性[mL·g^{-1}(0.1mol KMnO$_4$)]

9.1.3.2　土壤脲酶活性指标

土壤脲酶是由简单蛋白质构成的生物催化剂，一般认为是由土壤中的微生物产生的，是一种参与有机态氮素分解的酶，专门水解有机氮转化过程的中间产物尿素，使其转化成为氨为林木利用，它的含量可以用来表示土壤 N 素供应状况。

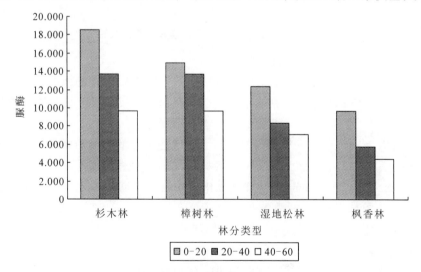

图 9-17　各林分土壤脲酶活性(NH^3 – Nmg·kg^{-1})

从图9-17可以看出，4种林分土壤脲酶活性随土层的增加而减小，各林地土壤脲酶的大小顺序为杉木林＞樟树林＞湿地松林＞枫香林，分别为13.41mg/kg，12.79mg/kg，9.27mg/kg，6.64mg/kg，杉木林土壤脲酶活性是枫香林地土壤脲酶活性的2倍以上。在3个土层中0～20cm层到20～40cm层土壤脲酶活性下降按杉木林、樟树林、湿地松林、枫香林顺序分别为26.4%，8.8%，28.4%，40.7%；20～40cm层到40～60cm层土壤脲酶活性下降分别为28.9%，28.9%，15.7%，22.9%。

9.1.3.3 土壤磷酸酶活性指标

磷酸酶是由活的生物体合成的对有机P具有专性催化作用的蛋白质，它是代表一组可催化磷酸或磷酸酐水解的酶，土壤磷酸酶的主要类型包括磷酸单酯酶、磷酸二酯酶、三磷酸单酯酶等，其中，磷酸单酯酶与有机磷的矿化及植物的磷素营养关系密切，是研究最多的磷酸酶。在研究中常基于酶促反应的最适pH值，将磷酸单酯酶又分为酸性（pH值5～6）和碱性（pH值8～10）两种。在pH值4～9的土壤中均有磷酸酶的存在，磷酸酶对地球上磷的生物地球化学循环起着重要作用，其活性高低直接影响着土壤中有机P的分解转化及其生物有效性。在土壤这个特殊的微生态环境中，由于活的植物根系与微生物的双重作用，其土壤酶具有独特的性质。在根际微区域中植物根能自然地释放出细胞外酶，所以将根际土壤与非根际土壤比较，酶的种类与数量自然会存在差异，Haussling对云杉的研究表明，根际土壤酸性磷酸酶的活性是非根际土壤的2～2.5倍。

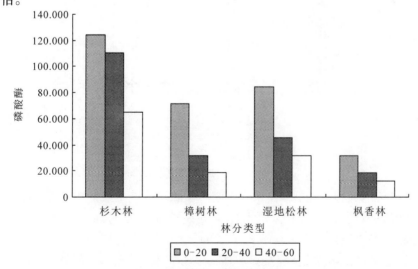

图9-18 各林分土壤磷酸酶活性

从图 9-18 可以看出，4 种林分土壤磷酸酶活性随土层深度的增加而减小，各林地土壤磷酸酶的大小顺序为杉木林 > 湿地松林 > 樟树林 > 枫香林，分别为 99.72mg/kg，53.92mg/kg，40.82mg/kg，21.17mg/kg。在 3 个土层中 0～20cm 层到 20～40cm 层土壤磷酸酶活性下降按杉木林、湿地松林、樟树林、枫香林顺序分别为 10.6%，46.5%，55.0%，40.8%；20～40cm 层到 40～60cm 层土壤磷酸酶活性下降分别为 41.4%，29.0%，40.8%，34.5%。从上面的数据可以看出 0～20cm 层到 20～40cm 层下降最明显的是樟树林，为 55.0%，20～40cm 层到 40～60cm 层下降最明显的是杉木林，为 41.4%，土壤磷酸酶活性从 20～40cm 层到 40～60cm 层基本都下降了 30% 左右，不同土层磷酸酶活性相差较大。

9.1.3.4 土壤脱氢酶活性指标

脱氢酶能酶促脱氢反应，即酶促有机物质脱氢的作用，它由活的生物体所产生，作为氢的中间传递体，在有机物的氧化还原反应中起重要作用。土壤脱氢酶活性易被存在于土壤中的胞外酚氧化酶或能催化脱氢酶反应的无机化合物所掩盖。

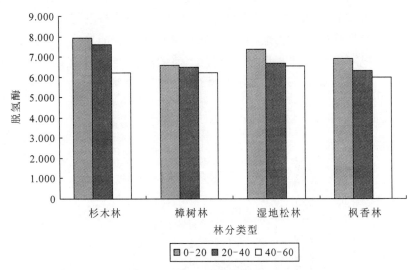

图 9-19 各林分土壤脱氢酶活性

从图 9-19 可以看出，4 种林分土壤脱氢酶活性随土层的增加而减小，各林地土壤脱氢酶的大小顺序为杉木林 > 湿地松林 > 樟树林 > 枫香林，分别为 7.26mg/g，6.87mg/g，6.48mg/g，6.38mg/g。在 3 个土层中 0～20cm 层到 20～40cm 层土壤脱氢酶活性下降按杉木林、湿地松林、樟树林、枫香林顺序分别为 4.3%，9.6%，1.9%，9.4%；20～40cm 层到 40～60cm 层土壤脱氢酶活性下降分别为 18.2%，1.9%，4.0%，5.1%。杉木林地土壤表层脱氢酶活性最大，其他 4 种林分土壤表层酶活性差异不大。土壤脱氢酶活性从 20 ~ 40cm 层到 40 ~ 60cm 层下降不大，基本都在 5% 左右，说明 20cm 以下土壤脱氢酶活性没有较大变化。

9.1.3.5 土壤纤维素酶活性指标

纤维素酶是具有纤维素降解能力酶的总称，它们协同作用分解纤维素，所有能利用晶体纤维素的微生物都能或多或少地分泌纤维素酶，这些酶具有不同的特异性和作用方式，不同的纤维素酶能更有效地降解结构复杂的纤维素。纤维素酶主要来自真菌和细菌，纤维素酶在提高纤维素、半纤维素分解的同时，可促进植物细胞壁的溶解使更多的植物细胞内溶物溶解出来并能将不易消化的大分子多糖、蛋白质和脂类降解成小分子物质有利于动物胃肠道的消化吸收。纤维素酶制剂可激活内源酶的分泌，补充内源酶的不足，并对内源酶进行调整，保证动物正常的消化吸收功能，起到防病，促生长的作用。由此看来纤维素酶对分解森林内纤维素和半纤维素以利于动物吸收，进而对维持生态系统的平衡稳定起了很重要的作用。

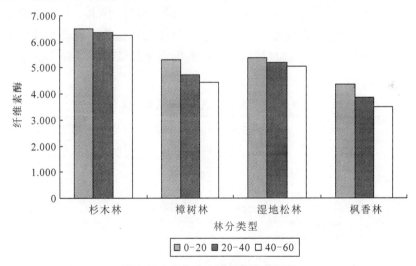

图 9-20 各林分土壤纤维素酶活性

从图 9-20 可以看出，4 种林分土壤纤维素酶活性随土层的增加而减小，各林地土壤纤维素酶的大小顺序为杉木林 > 湿地松林 > 樟树林 > 枫香林，分别为 6.351mg/g，5.203mg/g，4.829mg/g，3.909mg/g。在 3 个土层中 0 ~ 20cm 层到 20 ~ 40cm 层土壤纤维素酶活性下降按杉木交林、湿地松林、樟树林、枫香林顺序分别为 10.6%，3.1%，2.2%，11.7%；20~40cm 层到 40~60cm 层土壤纤维素酶活性下降分别为 5.9%，3.2%，1.6%，9.1%。从上面的数据可以看出 0~20cm 层到 20~40cm 层下降最明显的是枫香林，为 11.7%。20~40cm 层到 40~60cm 层下降最明显的是枫香林，为 9.1%，杉木林和湿地松林地土壤 3 层纤维素酶活性相差不大，在 1.6~3.2% 之间。

9.2 相关性分析

9.2.1 土壤物理性质指标间的相关性

许多研究表明，土壤越疏松，容重越小，总孔隙度和毛管孔隙度越多，土壤持水能力和通气能力越强；相反土壤越紧密，容重越大，总孔隙度和毛管孔隙度越少，土壤持水能力和通气能力越弱。对 4 种林分土壤物理性质指标间的相关分析表明(表 9-2)，土壤容重与毛管孔隙度和总孔隙度呈极显著的负相关，与非毛管孔隙度没有明显的相关性，与自然含水率呈显著的负相关。毛管孔隙度与总孔隙度呈极显著的正相关，与非毛管孔隙度呈显著负相关，这正是由于非毛管孔隙度等于总孔隙度减去毛管孔隙度而得。自然含水率与总孔隙度呈显著正相关，与毛管孔隙度呈极显著正相关，与非毛管孔隙度有极显著负相关关系，说明毛管孔隙度对土壤自然含水率高低的影响程度要明显高于容重和总孔隙度。

表 9-2　土壤物理性质指标间的相关关系

指标	容重	毛管孔隙度	总孔隙度	非毛管孔隙度	自然含水率
容重	1				
毛管孔隙度	-0.731^{**}	1			
总孔隙度	-1.000^{**}	0.730^{**}	1		
非毛管孔隙度	-0.127	-0.583^{*}	0.128	1	
自然含水率	-0.503^{*}	0.904^{**}	0.503^{*}	-0.715^{**}	1

＊. Correlation is significant at the 0.05 level(2 – tailed)

＊＊. Correlation is significant at the 0.01 level(2 – tailed)

9.2.2 土壤 pH 值与养分因子的相关性

对土壤 pH 值指标与土壤养分因子进行相关性分析(表 9-3)，结果表明，土壤全 N、全 P、有效 P、有效 K 含量的高低与土壤 pH 值均没有明显的相关性。

土壤有机质含量和全 K 含量与 pH 值呈显著负相关，说明土壤酸度增加会导致有机质和全 K 含量降低。土壤 pH 值与有效 N 呈极显著负相关，说明土壤酸度对有效 N 含量有极显著的影响。从表 9-3 中还可以看出土壤 pH 值与所有养分因子的相关系数值均为负数，说明土壤 pH 值的大小在一定程度上影响了土壤微生物和土壤酶的活动，从而影响了养分含量的多少。

表 9-3　土壤 pH 值与养分因子的相关关系

指标	有机质	全 N	有效 N	全 P	有效 P	全 K	有效 K
pH	− 0.576*	− 0.197	− 0.769**	− 0.337	− 0.132	− 0.530*	− 0.441

　　*. Correlation is significant at the 0.05 level(2 – tailed)

　　**. Correlation is significant at the 0.01 level(2 – tailed)

9.2.3　土壤酶活性与物理性质指标的相关性

对土壤各种酶活性指标与土壤物理性质指标进行相关性分析(表 9-4)表明，土壤各种酶活性的高低与土壤容重、毛管孔隙度、总孔隙度、自然含水率均没有相关性。土壤脲酶和脱氢酶活性与非毛管孔隙度有显著相关关系，土壤过氧化氢酶、脱氢酶、纤维素酶与非毛管孔隙度的相关系数分别为 0.466，0.370，0.484，均没有显著的相关性。非毛管孔隙度的增加，增强了土壤对水分的吸纳能力，减少地表径流，减弱径流对土壤的冲刷力，并在一定程度上对各种酶活性有影响。

表 9-4　土壤酶活性与土壤物理性质指标的相关关系

指标	过氧化氢酶	脲酶	磷酸酶	脱氢酶	纤维素酶
容重	0.137	− 0.119	− 0.038	− 0.066	− 0.012
毛管孔隙度	− 0.439	− 0.267	− 0.341	− 0.202	− 0.329
总孔隙度	− 0.145	− 0.115	0.031	0.063	0.005
非毛管孔隙度	0.466	0.526*	0.533*	0.370	0.484
自然含水率	− 0.464	− 0.324	− 0.251	− 0.087	− 0.280

　　*. Correlation is significant at the 0.05 level(2 – tailed)

　　**. Correlation is significant at the 0.01 level(2 – tailed)

9.2.4　土壤酶活性与化学性质指标的相关性

对土壤各种酶活性指标与土壤化学性质指标进行相关性分析(表 9-5)，结果表明，土壤纤维素酶活性与 pH 值呈显著负相关，其他 4 种酶活性的高低与土壤 pH 均呈现不相关性，这可能与土壤酶活性都有最适的 pH 范围，而在 pH 过高或过低的环境中，酶活性会不可逆地失活有关。

表9-5 土壤酶活性与土壤化学性质指标的相关关系

指标	过氧化氢酶	脲酶	磷酸酶	脱氢酶	纤维素酶
pH 值	− 0. 319	− 0. 558	− 0. 603	− 0. 449	− 0. 519 *
有机质	0. 642 * *	0. 848 * *	0. 775 * *	0. 498	0. 589 *
全 N	0. 450	0. 529 *	0. 635 *	0. 580 *	0. 446
速效 N	0. 630 *	0. 748 * *	0. 788 * *	0. 715 * *	0. 691 * *
全 P	0. 646 * *	0. 552 *	0. 803 * *	0. 719 * *	0. 791 * *
速效 P	0. 605 *	0. 522 *	0. 742 * *	0. 697 * *	0. 714 * *
全 K	0. 659 * *	0. 607 *	0. 739 * *	0. 610 *	0. 730 * *
速效 K	0. 651 * *	0. 769 * *	0. 911 * *	0. 749 * *	0. 753 * *

*. Correlation is significant at the 0. 05 level(2 – tailed)

* *. Correlation is significant at the 0. 01 level(2 – tailed)

过氧化氢酶参与土壤中物质和能量的转化，具有分解土壤中对植物有害的过氧化氢的作用，在一定程度上反映了土壤中腐殖质的再合成强度。表9-5 的研究结果还表明，土壤过氧化氢酶与土壤有机质含量、全 P 含量、全 K 和速效 K 含量的相关关系非常显著，与速效 N 和速效 P 含量呈显著相关，但与全 N 含量无显著相关关系，这表明过氧化氢酶对有机质、速效 N、P 素、K 素转化的关系比较密切。

脲酶能分解有机物，促进其水解生成氨和 CO_2，其中氨是林木 N 素营养的直接来源，其活性可以用来表示土壤 N 素状况。表9-5 表明，脲酶与土壤有机质的相关性最高，其次是全 N 和速效 K，均达到极显著相关程度，此外，与全 N、全 P、速效 P 和全 K 呈显著相关。

土壤 P 素转化受多种因子制约，磷酸酶是一个重要的因子，磷酸酶的酶促作用能加速有机磷的循环速度，从而提高土壤 P 素的有效性。从表9-5 看出，磷酸酶与土壤全 P 和速效 P 呈极显著相关，表明磷酸酶活性的高低直接影响到林地土壤 P 素的含量。此外，磷酸酶与速效 N 和速效 K 也呈极显著相关，与全 N 呈显著相关，与全 K 呈极显著相关，与有机质无显著关系。综合来看磷酸酶活性与土壤速效养分呈极显著相关。

土壤脱氢酶活性与速效 K 含量相关性最高，其次是速效 N、全 P 和速效 P 含量，均达到了极显著相关程度，此外与全 N 和全 K 含量呈显著相关。

土壤纤维素酶活性与速效 N、全 P、速效 P、全 K 和速效 K 含量呈极显著的正相关，相关系数均在 0.7 左右，此外纤维素酶活性与有机质含量呈显著相关，与全 N 含量无显著相关。综合来看，土壤纤维素酶活性高低对土壤速效养分含量有极大地影响。

长沙市城乡交错带内各林分土壤中过氧化氢酶，脲酶、磷酸酶、脱氢酶和纤维素酶的活性与土壤全 N、全 P、全 K、速效 N、速效 P 和速效 K 6 种肥力因素均存在极显著或显著的正相关，因此，土壤酶活性作为长沙市城乡交错带林地土壤肥力评价指标的可靠性较大。除磷酸酶与有机质含量无显著相关外，其他 4 种酶活性均与有机质存在极显著或显著的正相关，所以提高土壤酶活性，增加土壤的生物学肥力，对提高林地土壤有机质含量和养分的供应水平都有重要的作用。

9.3　土壤肥力综合评价

9.3.1　主成分分析法

主成分分析方法是将各个因子化为少数几个综合因子的一种多元统计方法，即导出少数几个主成分量，使它们尽可能地完整保留原始变量的信息，且彼此尽可能不相关、重叠。主成分分析方法常用来寻找判断某种事物或现象的综合指标并将综合因子所蕴藏的信息结合各专业知识予以解释，使之更深刻地反映事物的规律。由于不同林地各因子肥力水平有高有低，单从某一方面的指标来反映评价都是不够完整合理的，而统计中的主成分分析方法恰好可以解决这类问题，它能较全面地反映各林地土壤肥力因子的总体情况。

表 9-6　土壤肥力因子主成分的特征值、方差贡献率和累计方差贡献率

指标	特征值	方差贡献率	累计方差贡献率
X_1	10.007	55.592	55.592
X_2	3.864	21.465	77.058
X_3	1.748	9.710	86.767
X_4	0.816	4.782	91.549
X_5	0.671	3.728	95.277
X_6	0.344	1.909	97.185
X_7	0.272	1.508	98.694
X_8	0.096	0.534	99.228
X_9	0.073	0.403	99.631

续表

指标	特征值	方差贡献率	累计方差贡献率
X_{10}	0.033	0.182	99.813
X_{11}	0.016	0.091	99.904
X_{12}	0.011	0.062	99.966
X_{13}	0.005	0.026	99.992
X_{14}	0.001	0.008	100.000
X_{15}	$2.65E-016$	$1.47E-015$	100.000
X_{16}	$-1.96E-017$	$-1.09E-016$	100.000
X_{17}	$-8.85E-017$	$-4.92E-016$	100.000
X_{18}	$-1.45E-016$	$-8.05E-016$	100.000

注：X_1，X_2，X_3，……，X_{18}分别依次代表容重、毛管孔隙度、总孔隙度、非毛管孔隙度、自然含水率、pH、有机质、全 N、有效 N、全 P、有效 P、全 K、有效 K、过氧化氢酶、脲酶、磷酸酶、脱氢酶、纤维素酶

利用 SPSS13.0 统计软件计算相关矩阵的特征值、方差贡献率和累计方差贡献率从表 9-6 可知，土壤肥力因子前 3 个主成分的特征值 $\lambda > 1$，且方差贡献率分别为 55.592%，21.465%，9.710%，累计贡献率为 86.767%，即这前 3 个主成分已经包含了原 18 个土壤肥力因子的 86.767%，已足够反映原指标信息，可以认为前 3 个主成分能概括绝大部分信息。

表 9-7　主成分因子系数矩阵

指标	主成分		
	1	2	3
X_1	0.034	-0.972	0.202
X_2	-0.543	0.791	0.267
X_3	-0.033	0.973	-0.200
X_4	0.747	0.003	-0.626
X_5	-0.491	0.620	0.594
X_6	-0.604	-0.765	0.110
X_7	0.858	0.110	-0.251
X_8	0.737	-0.135	0.271
X_9	0.871	0.402	-0.047
X_{10}	0.897	-0.193	0.025
X_{11}	0.740	-0.220	0.555

指标	主成分		
	1	2	3
X_{12}	0.870	−0.041	−0.373
X_{13}	0.924	−0.049	0.185
X_{14}	0.801	−0.089	0.084
X_{15}	0.841	0.191	0.044
X_{16}	0.927	0.131	0.206
X_{17}	0.784	0.162	0.366
X_{18}	0.849	0.080	0.178

从表9-7可以看出，第一主成分主要反映了有机质、有效 N、全 K、有效 K、过氧化氢酶、脲酶、磷酸酶、纤维素酶的综合变量，占信息总量的62.52%，说明这些因子在土壤肥力评价中具有十分重要的作用。第二主成分主要反映了容重、毛管孔隙度、总孔隙度、自然含水率、pH、有效 N 的综合变量，占信息总量76.30%。第三主成分主要反映了非毛管孔隙度、自然含水率、有效 P、全 K、脱氢酶的综合变量，占信息总量的54.80%。

表9-8 土壤肥力评价指标的主成分因子得分系数矩阵

指标	主成分		
	1	2	3
X_1	0.003	−0.252	0.116
X_2	−0.054	0.205	0.153
X_3	−0.003	0.252	−0.114
X_4	0.075	0.001	−0.358
X_5	−0.049	0.161	0.340
X_6	−0.060	−0.198	0.063
X_7	0.086	0.028	−0.144
X_8	0.074	−0.035	0.155
X_9	0.087	0.104	−0.027
X_{10}	0.090	−0.050	0.015
X_{11}	0.074	−0.057	0.317
X_{12}	0.087	−0.011	−0.213
X_{13}	0.092	−0.013	0.106

指标	主成分		
	1	2	3
X_{14}	0.080	-0.023	0.048
X_{15}	0.084	0.049	0.025
X_{16}	0.093	0.034	0.118
X_{17}	0.078	0.042	0.210
X_{18}	0.085	0.021	0.102

应用 SPSS13.0 统计软件，在前面分析的基础上得出 18 个土壤肥力指标的主成分因子得分系数，见表 9-8，根据回归法可以得到下面 3 个主成分的得分函数：

$$F_1 = 0.003x_1 - 0.054x_2 - 0.003x_3 + \cdots + 0.085x_{18}$$
$$F_2 = -0.252x_1 + 0.205x_2 + 0.252x_3 + \cdots + 0.021x_{18}$$
$$F_3 = 0.116x_1 + 0.153x_2 - 0.144x_3 + \cdots + 0.102x_{18}$$

把测得的各指标值进行标准化后分别代入上面 3 个得分函数，就可以计算出各林分类型土壤肥力的 3 个主成分的得分值(表 9-9)。

表 9-9　各林分类型主成分因子综合得分

林分	F_1	F_2	F_3
樟树林	-0.408	0.034	-1.053
湿地松林	-0.699	1.369	0.828
枫香林	-0.836	-0.515	0.268
杉木林	0.771	-1.223	1.000

综合得分值越高，说明该林地土壤肥力的综合程度越高，反之越低；综合得分值为正，说明高于平均水平；综合得分值为负，说明低于平均水平，由此，可根据上述分析结果对 4 种林分样地的土壤肥力进行综合评分。首先，根据 3 个因子的方差贡献率确定权重。由于 3 个因子较大程度上反映了原变量的大部分信息，其累积贡献率达 86.767%，因此可以用因子的方差贡献率作为综合评价的权重；其次，3 个因子按各自的方差贡献率加权相加为综合评价得分，其计算公式为：

$$F = 0.556F_1 + 0.215F_2 + 0.097F_3$$

最后，由综合评价得分值的大小确定样地土壤肥力的综合水平(表 9-10)。

表9-10 各林分土壤肥力综合得分及排名

林分	各林地土壤肥力综合得分	得分排名
樟树林	-0.322	3
湿地松林	-0.013	2
枫香林	-0.550	4
杉木林	0.263	1

计算结果表明，樟树林的综合评分值为 -0.322，湿地松林的综合评分值为 -0.013，枫香林的综合评分值为 -0.550，杉木林的综合评分值 0.263，所以，各种林地土壤肥力质量大小顺序为：杉木林 > 湿地松林 > 樟树林 > 枫香林，一般而言，阔叶林林地的肥力要大于针叶林地，原因可能为：一是因 4 种林分均为人工林，在抚育间伐过程中施肥的影响；二是各林分的年龄不同；三是环境因素；最后是人工干预。

9.3.2 内梅罗(Nemoro)综合指数法

土壤肥力是包括诸多土壤因子的综合性指标，仅靠几个独立指标难以综合反映土壤肥力水平的高低，为了比较全面客观地反映土壤肥力状况，土壤学界提出了许多土壤肥力综合评价方法，但这些方法各有其优点和不足，因此未能很好地广泛使用。阚文杰等用修正的内梅罗(Nemoro)综合指数法对土壤肥力进行定量综合评价，方法简单，评价结果与土壤现实肥力水平和植物生长表现十分吻合，因此，本研究采用修正的内梅罗(Nemoro)综合指数法，评价指标的选取主要参考阚文杰、曾曙才等的研究，选择容重、有机质、pH、全 N、有效 P、有效 K 等指标对 5 种林地土壤肥力进行综合评价。

9.3.2.1 评价等级标准确定

各土壤属性值分级标准(X_a - 差(或低)、X_c - 中等、X_p - 好(或高))主要参照第二次全国土壤普查标准(表9-11)。

表9-11 土壤各属性分级标准表

土壤指标	X_a	X_c	X_p
容重(g/cm^3)	1.45	1.35	1.25
pH	4.5	5.4	6.5
有机质(g/kg)	10	20	30
全 N(g/kg)	0.75	1.5	2.0
有效 P(mg/kg)	5	10	20
有效 K(mg/kg)	50	100	200

9.3.2.2 评价指标的标准化

首先对选定的各参数进行标准化，以消除各参数之间的量纲差别。标准化处理方法如下：

当属性值属于差一级时，即 $C_i \leqslant X_a$

$$P_i = \frac{Ci}{Xa} \ (P_i \leqslant 1) \tag{1}$$

当属性值属于中等一级时，即 $X_a < C_i \leqslant X_c$

$$P_i = 1 + \frac{Ci - Xa}{Xc - Xa} \ (1 < Pi \leqslant 2) \tag{2}$$

当属性值属于较好一级时，即 $X_c < C_i \leqslant X_p$

$$P_i = 2 + \frac{Ci - Xc}{Xp - Xc} \ (2 < Pi < 3) \tag{3}$$

当属性值属于好一级时，即 $C_i > X_p$

$$P_i = 3 \tag{4}$$

以上（1）-（4）式中，P_i 为分肥力系数，即土壤属性 i 的肥力系数，C_i 为第 i 个属性的实际测定值，X_a、X_c、X_p 为分级指标。

将实验所得的各指标数据按林分类型求算平均值后，利用上述的（1）-（4）式标准化，结果如表9-12所示。

表9-12 各林分类型土壤参数标准化

林分	容重(g/cm³)	pH	有机质(g/kg)	全N(g/kg)	有效P(mg/kg)	有效K(mg/kg)
杉木林	0.9	0.940	1.904	0.627	2676	0.885
樟树林	1.8	0.929	1.980	0.373	2.104	0.372
湿地松林	2.9	0.904	1.187	0.400	2.271	0.418
枫香林	1.1	0.958	1.449	0.600	2.338	0.412

9.3.2.3 土壤综合肥力质量的计算

采用修正的内梅罗（Nemoro）公式计算土壤综合肥力系数：

$$P = \sqrt{(P平均^2 + P最小^2)/2} \times (\frac{n-1}{n}) \tag{5}$$

式中：P 为土壤综合肥力系数，$P_{平均}$ 为土壤各属性分肥力系数平均值，$P_{最小}$ 为土壤各分肥力系数中的最小值，n 为参评土壤属性的项数。将土壤各分肥力系数分别假定为3，2，1，再根据 n 值（本研究中 n=6），按式（5）计算得出对应的综合肥力系数 P_3，P_2 和 P_1，分别为2.500，1.667 和 0.833。当某土壤肥力系数 P ≥ 2.500 时，表示土壤很肥沃；1.667 ≤ P < 2.500 时，表示土壤肥沃；

0.833≤P<1.667时，表示土壤肥力一般；P<0.833时，表示土壤肥力贫瘠。

最后根据公式(5)算出各林分土壤综合肥力系数(表9-13)。

表9-13　各林分土壤综合肥力系数

	樟树林	湿地松林	枫香林	杉木林
综合肥力系数	0.774	0.828	0.716	0.862

应用修正的内梅罗(Nemoro)综合指数法对4种林分土壤肥力进行定量综合评价，可以得出不同林分类型之间的土壤综合肥力系数存在一定差异，从表9-13可以看出，4种林分土壤综合肥力系数在0.716~0.862之间，平均为0.795，各种林地土壤综合肥力系数大小顺序为：杉木林>湿地松林>樟树林>枫香林，枫香林的土壤综合肥力系数最低，杉木林的土壤综合肥力系数最大，枫香林、樟树林和湿地松林肥力水平均属"贫瘠"(<0.833)，杉木林的土壤肥力水平为"一般"(0.833≤P<1.667)。

9.3.3　两种评价方法的比较

两种评价各有优势，主成分分析法相对简单，但其计算结果变化幅度较小，这可能是由于此方法需要标准化，然后经过方差贡献率计算，使评价值变化趋势较小，进而导致表示土壤肥力质量的综合指数灵敏度不高，即某个评价指标值发生很大变化时，评价结果几乎不变或很小，未能反映出该有的信息。而通过主成分分析法得出的结论仅仅能反映各林分类型之间的综合肥力大小顺序，而不能定义各林分土壤肥力水平。

修正的内梅罗(Nemoro)综合指数法采用$P_{最小}$代替原内梅罗公式中的$P_{最大}$是为了突出土壤肥力的限制性因子和土壤中最差属性对土壤肥力的影响，能够反映植物生长的最小因子律，另外增加修正项$(n-1)/n$提高了评价的可信度，即参与评价的土壤属性越多，$(n-1)/n$值越大，可信度越高，同时使采用的评价参数不等时的评价结果可比性增加，因此，通过修正的内梅罗(Nemoro)综合指数法既能得出各种林地土壤综合肥力系数大小顺序，也能得出各林分土壤肥力水平。但国内许多利用修正的内梅罗(Nemoro)综合指数法对土壤肥力综合评价的研究中，选取的指标都局限于土壤理化性质指标，而土壤酶活性没有作为评价土壤肥力的指标之一，使得土壤肥力评价不够科学。

10 长沙市城乡交错带典型人工林林下植被与土壤养分关系研究

林下植被和土壤环境的关系是生态学研究的重要领域之一，植物群落的演替过程也是植物与土壤相互影响和相互作用的过程。土壤的分异导致植被的变化，植被的发展变化又影响着土壤的发育。林下植被的根系与土壤有着直接的接触，在植物和土壤之间进行着频繁的物质交换，彼此有着强烈的影响，土壤通过水、肥、气、热等生态因子影响林下植被的生长发育和生物量，同时林下植被群落也通过吸收、穿透、菌根、凋落物、根系的分解和根系分泌物等形式对土壤养分及生态养分的循环起着重要作用。

10.1 林下植被物种多样性与土壤养分的关系

物种多样性作为群落结构、功能和环境资源的重要数量指标，已有几十年的研究历史，人类已经对不同群落的物种多样性及其随地理梯度、海拔梯度和群落演替阶段等因素的变化有所了解。对于具体的植物群落而言，大的气候条件相对一致，群落生境的差异可能是形成多样性的主要原因，而土壤因子可能是一个重要的环境因子。

对各林分林下植被物种丰富度、生物多样性指数和土壤主要物理化学和养分指标进行相关分析。

土壤物理化学和养分指标：设 X_1 – 土壤容重，X_2 – 非毛管孔隙度，X_3 – 土壤含水量，X_4 – pH 值，X_5 – 有机质含量，X_6 – 全 N 含量，X_7 – 速效 N，X_8 – 全 P 含量，X_9 – 速效 P，X_{10} – 全 K 含量，X_{11} – 速效 K。

物种多样性指数：设 Y_1 – 物种丰富度指数，Y_2 – Shannon – wiener 多样性指数，Y_3 – Simpson 多样性指数，Y_4 – Shannon 均匀度指数，Y_5 – Simpson 均匀度指数。

由表 10-1 可以看出，物种多样性指数与土壤全 P 呈现显著的正相关关系；各样地物种多样性与土壤含水量、有机质之间基本呈现正相关关系，基本达显著水平；与土壤土壤容重、非毛管孔隙度、pH 值、N、K 相关性不显著。这表明林下植被物种多样性的增加改善了土壤环境，增加了土壤的养分含量，有利于土壤理化性质的改善。如果植被被破坏或退化，物种多样性指数降低，土壤含水量、有机质、全 P 含量会降低；反过来，土壤含水量、有机质、全 P 也限制植被的生长和分布，良好的土壤环境有利于植物的生长。

表 10-1 物种多样性与土壤养分间的相关性分析

土壤性质	多样性指数				
	Y_1	Y_2	Y_3	Y_4	Y_5
X_1	-0.789	-0.804	-0.629	-0.801	-0.795
X_2	-0.946	-0.919	-0.948	-0.897	-0.866
X_3	$0.983*$	$0.965*$	0.940	$0.947*$	0.920
X_4	-0.752	-0.802	-0.694	-0.831	-0.863
X_5	$0.973*$	$0.952*$	$0.954*$	0.933	0.905
X_6	-0.413	0.464	0.250	0.487	0.514
X_7	0.100	0.144	0.309	0.191	0.242
X_8	$0.976*$	$0.986*$	$0.985*$	$0.991**$	$0.992**$
X_9	-0.221	-0.234	0.016	-0.224	-0.215
X_{10}	-0.553	-0.498	-0.396	-0.446	-0.384
X_{11}	-0.365	-0.351	-0.129	-0.323	-0.291

*. Correlation is significant at the 0.05 level(2 – tailed)

**. Correlation is significant at the 0.01 level(2 – tailed)

10.2 林下植被生物量与土壤营养元素的相关性分析

大量研究表明，林下植被的形成取决于环境因素如土壤水分、养分和光照条件，林下植被生物量与土层厚度，腐殖质层厚度和土壤母质等立地因子关系密切；林下植被的种类及其组合发育到一定程度时对立地类型和立地质量有较强的指示作用。为了排除林分类型和人为措施对林下植被的影响，我们选取了轻度干扰纯林作为研究对象，根据土壤养分指标、物理性状指标的系统聚类分析结果，选定土壤容重、非毛管孔隙度、含水量为物理性状指标；土壤有机质、全 N、速效 N、全 P、速效 P、全 K、速效 K 为化学指标，与林下植被生物量进行相关性分析结果如下：

设 X_1 – 土壤容重，X_2 – 非毛管孔隙度，X_3 – 土壤含水量，X_4 – pH 值，X_5 – 有机质含量，X_6 – 全 N 含量，X_7 – 速效 N，X_8 – 全 P 含量，X_9 – 速效 P，X_{10}

－全 K 含量，X_{11}－速效 K。

表 10-2   林下植被生物量与土壤养分的相关关系

	$W_{灌}$	$W_{草}$	$W_{枯落物}$	$W_{总}$
X_1	－0.796	0.650	－0.360	－0.664
X_2	－0.948	0.049	－0.382	－0.871
X_3	0.987 ∗	－0.220	0.407	0.887
X_4	－0.585	0.203	－0.798	－0.805
X_5	0.949 ∗	0.049	0.966 ∗	0.965 ∗
X_6	0.388	0.316	0.991 ∗ ∗	0.839
X_7	－0.193	0.884	0.786	0.398
X_8	－0.517	0.983 ∗	0.703	－0.075
X_9	－0.342	0.951 ∗	0.162	－0.024
X_{10}	0.553	－0.232	0.873	0.810
X_{11}	－0.550	0.975 ∗	0.284	－0.106

∗. Correlation is significant at the 0.05 level(2 – tailed)

∗ ∗. Correlation is significant at the 0.01 level(2 – tailed)

结果表明，林下植被生物量(灌木、草本、枯落物、总生物量)与土壤容重、非毛管孔隙度、pH 值相关性不显著。林下植被中灌木层的生物量与土壤含水量、有机质存在显著的相关关系，说明灌木通过枯落物归还的养分增加了土壤有机质的含量，而水量、有机质丰富的林地同样有利于灌木的生长，灌木的生长情况在一定程度上反映了林地有机质的水平。林下植被草本层的生物量与土壤全 P、速效 P、速效 K 显著相关，说明草本的生长状况在一定程度上反映了这 3 种养分在土壤中的水平，全 P、速效 P、速效 K 的增加也会促进草本生物量的提高，反之，草本生物量的提高也会促进土壤质量的进一步改善，它们之间是正向效应。枯落物层的生物量与土壤有机质相关性显著，与全 N 呈正相关，相关系数为 0.991，达到了极显著水平，这主要是由于枯落物是生态系统养分循环的基础，植物从土壤中吸收养分形成有机体，然后养分随枯落物落到地表，通过枯落物的分解，主要以有机体形态归还土壤。枯落物作为养分的基本载体，在养分循环中是连接植物与土壤的"纽带"，土壤有机质和土壤全 N 基本上来源于枯落物的分解，所以枯落物生物量越大，分解后释放的养分越多，相应地，土壤有机质和全 N 含量就越高。枯落物在维持土壤肥力, 促进森林生态系统正常的物质循环和养分平衡方面, 有着特别重要的作用。

10.3　林下植被对土壤养分的富集系数

植物在生长过程中, 土壤通过植物根系向植物提供生长所必需的物质, 因此, 植物体内养分含量与土壤养分含量存在着一定程度的相关性, 这可用植物体中某元素的浓度与土壤中相应元素的浓度的比值表示, 以此来评定植物对土壤养分的富集能力。富集系数越大, 表明其富集能力越强, 尤其是植物地上部分富集系数越大, 越有利于植物的修复。

10.3.1　湿地松林林下植被对土壤养分的富集系数

湿地松林分中的大量元素中, 林下植被的富集系数排序为 N > K > Ca > P > Mg, 可见植物对 N 和 K 的富集能力最强, 需要程度高。Mg 的富集系数最小, 但土壤中 Mg 的含量最高, 这可能与土壤中 Mg 元素的存在形态有关; 微量元素中, 林下植被的富集系数依次为 Cd > Mn > Zn > Pb > Cu > Ni > Fe, 表明土壤中 Fe 的富集能力最弱, 而土壤中 Fe 的含量最高, 这与植物不同生长时期对 Fe 的需要程度以及 Fe 在土壤中的存在形态密切相关(研究结果见表 10-3 和 10-4)。

表 10-3　湿地松林土壤养分含量 *

土壤层次	N	P	K	Ca	Mg	Cu	Fe	Zn	Mn	Cd	Ni	Pb
(cm)		(g. kg^{-1})					(mg. kg^{-1})					
0 ~ 20	0.340	0.150	0.249	0.539	0.577	27.874	12703.711	55.096	174.002	0.067	19.225	33.019
20 ~ 40	0.300	0.132	0.211	0.549	0.656	22.265	12885.390	45.589	276.753	0.061	17.134	27.556
40 ~ 60	0.260	0.131	0.162	0.481	0.688	27.816	13226.697	48.817	269.668	0.056	21.069	24.241
平均	0.300	0.138	0.207	0.523	0.640	25.985	12938.599	49.834	240.141	0.061	19.143	28.272

*表中的含量均为全量, 下同。

表 10-4　湿地松林林下植被对土壤的富集系数

植物名称	N	P	K	Ca	Mg	Cu	Fe	Zn	Mn	Cd	Ni	Pb
栀子	35.73	6.16	16.43	15.49	2.08	0.51	0.01	0.35	0.20	0.49	0.17	0.59
赤楠	16.50	1.74	8.41	6.10	1.14	0.38	0.01	0.27	0.47	3.11	0.12	0.27
满树星	19.23	3.04	7.73	10.31	1.91	0.27	0.01	1.03	0.99	10.00	0.30	0.83

续表

植物名称	N	P	K	Ca	Mg	Cu	Fe	Zn	Mn	Cd	Ni	Pb
白花龙	23.90	4.06	7.92	14.72	1.41	0.26	0.01	0.39	0.54	0.82	0.13	0.11
野茉莉	26.83	5.36	9.61	9.54	1.20	0.25	0.01	0.96	0.81	5.74	0.12	0.43
檵木	18.97	4.71	12.22	11.49	0.73	0.42	0.02	0.35	0.14	0.49	0.10	0.65
菝葜	31.13	1.81	10.34	4.07	0.56	0.26	0.02	0.34	0.18	0.82	0.06	0.02
蕨	40.43	5.07	13.96	4.76	1.44	0.37	0.03	0.42	1.20	2.95	0.10	0.92
狗脊蕨	39.13	7.75	40.58	5.16	4.59	0.58	0.02	0.36	0.27	0.66	0.18	0.04

10.3.2 杉木林林下植被对土壤养分的富集系数

经计算，杉木林的林下植被对土壤的富集系数见表 10-6。从表 10-5 和 10-6 可以看出，在杉木林林下植被的在大量元素中，N 和 K 的富集系数最大，表明植物对 N 和 K 的富集能力最强，需要程度高。Mg 的富集系数最小，但土壤中 Mg 的含量最高，这可能与土壤中 Mg 元素的存在形态有关。微量元素中，Cd 的富集系数最大，而土壤中 Cd 的含量最小，表明植物对 Cd 的富集能力最强，对土壤中 Cd 的利用率高。低浓度生长介质的 Cd，对某些植物的生长发育有一定的促进作用，这可能是植被对 Cd 元素吸收较多的原因；Fe 的富集系数最低，表明植物对土壤中 Fe 的富集能力弱，但植被和土壤中 Fe 的含量都最高，这一方面与植被对 Fe 的需要程度有关，另一方面 Fe 在土壤中大部分是以无效形态存在，所以植被吸收不多。

表 10-5　杉木林土壤养分含量

土壤层次	N	P	K	Ca	Mg	Cu	Fe	Zn	Mn	Cd	Ni	Pb
(cm)	(g. kg^{-1})					(mg. kg^{-1})						
0~20	0.600	0.404	0.400	0.572	0.749	51.054	4397.955	33.244	156.784	0.020	51.721	31.734
20~40	0.410	0.303	0.387	0.816	0.786	40.085	4180.342	31.792	179.128	0.019	41.700	31.190
40~60	0.390	0.292	0.336	0.565	0.932	29.289	4082.212	28.988	227.698	0.014	35.703	26.838
平均	0.467	0.333	0.374	0.651	0.822	40.143	4220.170	31.341	187.870	0.018	43.041	29.921

表10-6 杉木林林下植被对土壤的富集系数

植物名称	N	P	K	Ca	Mg	Cu	Fe	Zn	Mn	Cd	Ni	Pb
山矾	18.54	1.86	9.30	14.70	1.08	0.18	0.02	0.46	1.25	2.78	0.08	0.15
泡桐	30.28	6.55	32.81	8.89	1.93	1.18	0.09	0.61	0.40	2.22	0.10	0.23
大青	29.42	5.47	17.33	13.33	1.44	0.32	0.04	0.55	1.18	3.33	0.10	0.08
樟树	16.87	3.51	19.60	8.06	1.41	0.29	0.03	0.50	1.00	3.89	0.04	0.03
阔叶鳞毛蕨	29.89	6.19	25.27	5.12	2.60	0.44	0.12	0.68	0.70	6.67	0.11	0.02
狗脊蕨	21.11	3.81	17.27	5.15	4.27	0.26	0.08	1.77	0.66	2.22	0.08	0.04
淡竹叶	25.91	3.24	31.23	5.88	3.08	0.34	0.08	0.67	1.20	10.00	0.08	0.03
鸡矢藤	34.35	3.99	30.16	24.93	2.37	0.41	0.07	0.76	1.24	11.11	0.08	0.05
商陆	54.30	9.70	66.10	11.41	2.97	0.33	0.13	0.73	1.15	16.67	0.12	0.04
铁线蕨	30.26	2.64	23.96	3.59	1.48	0.27	0.09	0.60	1.09	3.89	0.04	0.04

10.3.3 樟树林林下植被对土壤养分的富集系数

在樟树林中，从表10-7和10-8可以看出，在大量元素中，林下植被对N的富集系数最大，表明植物对N的富集能力最强，需要程度高。其次为K＞Ca＞P＞Mg，Mg的富集系数最小，但土壤中Mg的含量最高，这可能与土壤中Mg元素的存在形态有关。微量元素中，Cd的富集系数相对较大，对Pb的吸收和富集能力相对较弱，表明土壤中的Pb不易被植物吸收富集，这与Pb在土壤中的存在形态紧密相关。

表10-7 樟树林土壤养分含量

土壤层次	N	P	K	Ca	Mg	Cu	Fe	Zn	Mn	Cd	Ni	Pb
(cm)	(g.kg^{-1})					(mg.kg^{-1})						
0~20	0.340	0.158	0.287	0.952	1.201	51.251	3384.594	42.153	430.530	0.023	56.301	41.230
20~40	0.290	0.096	0.286	1.231	1.190	43.696	3374.498	39.004	474.631	0.113	47.732	31.173
40~60	0.220	0.070	0.287	0.787	1.089	42.360	3368.499	39.874	433.308	0.018	47.731	33.181
平均	0.283	0.108	0.287	0.990	1.160	45.769	3375.864	40.344	446.156	0.051	50.588	35.195

表 10-8　樟树林林下植被对土壤的富集系数

植物名称	N	P	K	Ca	Mg	Cu	Fe	Zn	Mn	Cd	Ni	Pb
枸骨	24.45	3.89	16.48	6.46	1.62	0.12	0.07	0.66	0.51	31.96	0.06	0.03
华山矾	11.10	1.48	24.88	2.52	1.53	0.12	0.14	0.64	0.52	28.63	0.06	0.02
黄栀子	26.18	5.19	20.21	8.62	1.30	0.21	0.06	0.29	0.12	0.59	0.05	0.07
金竹	27.88	6.39	33.10	1.29	0.41	0.16	0.03	0.40	0.31	0.59	0.02	0.04
大青	45.02	11.20	22.89	9.61	1.34	0.32	0.08	0.48	0.50	1.57	0.10	0.04
豆腐柴	13.60	1.02	1.57	1.69	0.19	0.05	0.04	0.31	0.15	4.12	0.02	0.02
黄檀	35.23	3.70	9.83	6.41	1.56	0.18	0.05	0.46	0.45	3.73	0.08	0.03
菝葜	26.43	4.07	19.06	1.81	0.37	0.19	0.09	0.46	0.15	0.20	0.04	0.04
阔叶鳞毛蕨	51.34	10.09	37.21	4.78	2.22	0.42	0.18	0.56	0.34	3.73	0.09	0.03
狗脊蕨	36.54	6.02	27.91	4.03	2.96	0.23	0.11	0.46	0.26	0.78	0.07	0.04
淡竹叶	47.35	9.81	37.14	2.30	1.41	0.24	0.15	0.51	0.48	2.94	0.08	0.02
鸡矢藤	65.44	1.24	15.49	15.47	1.72	0.33	0.15	0.56	0.52	2.94	0.07	0.03

10.3.4　枫香林林下植被对土壤养分的富集系数

由表 10-9 和 10-10 可以看出，在大量元素中，林下植被的富集系数大小为 K > N > P > Ca > Mg，表明植物对 K 富集能力最强，需要程度高。Mg 的富集系数最小，但土壤中 Mg 的含量最高，这可能与土壤中 Mg 元素的存在形态有关；林下植被对微量元素的富集能力总的趋势是 Cd > Mn > Zn > Cu > Ni > Pb > Fe，表明土壤中 Fe 的富集能力弱，而土壤中 Fe 的含量最高，这可能与植物对 Fe 的需要程度以及 Fe 在土壤中的存在形态有关。

表 10-9　枫香林土壤养分含量

土壤层次	N	P	K	Ca	Mg	Cu	Fe	Zn	Mn	Cd	Ni	Pb
（cm）		（g·kg^{-1}）					（mg·kg^{-1}）					
0~20	0.550	0.151	0.186	0.931	0.887	52.668	4977.893	44.699	290.200	0.045	49.985	25.250
20~40	0.420	0.139	0.175	1.117	0.834	47.668	4598.948	40.782	277.015	0.035	46.765	22.166
40~60	0.380	0.107	0.137	1.024	0.889	59.712	4357.858	45.127	254.670	0.047	55.401	18.021
平均	0.450	0.132	0.166	1.024	0.870	53.349	4644.900	43.536	273.962	0.042	50.717	21.812

表 10-10　枫香林林下植被对土壤的富集系数

植物名称	N	P	K	Ca	Mg	Cu	Fe	Zn	Mn	Cd	Ni	Pb
樟树	10.78	3.41	18.01	4.01	1.29	0.18	0.03	0.34	0.64	1.67	0.02	0.06
枸骨	23.78	5.45	44.34	7.58	2.51	0.12	0.05	0.61	0.80	29.36	0.08	0.60
黄栀子	24.09	3.56	33.80	7.89	1.34	0.09	0.04	0.27	0.37	0.64	0.05	0.07
华山矾	12.42	3.86	19.58	4.56	1.00	0.09	0.01	0.39	0.77	1.28	0.05	0.07
算盘子	23.62	9.09	21.93	5.81	1.37	0.20	0.06	0.52	0.80	2.77	0.20	0.07
油茶	13.44	5.45	14.04	2.62	0.66	0.12	0.02	0.30	0.80	0.43	0.06	0.07
大青	46.96	9.70	55.24	8.67	2.01	0.18	0.06	0.44	0.82	1.49	0.09	0.03
黄檀	24.42	5.38	19.52	4.68	2.44	0.16	0.05	0.49	0.77	2.98	0.10	0.07
白栎	25.82	4.09	23.37	7.94	1.30	0.12	0.05	0.31	0.80	3.83	0.10	0.10
满树星	21.64	3.94	16.99	5.06	1.11	0.10	0.04	0.51	0.81	15.32	0.10	0.08
菝葜	28.87	6.29	35.78	3.75	0.54	0.24	0.07	0.43	0.52	0.64	0.05	0.05
小果蔷薇	17.89	6.74	19.58	4.98	1.39	0.18	0.05	0.47	0.68	6.60	0.07	0.06
阔叶鳞毛蕨	40.91	13.18	42.77	4.98	2.76	0.26	0.11	0.51	0.75	3.40	0.10	0.05
狗脊蕨	27.73	8.26	56.57	4.99	4.76	0.18	0.06	0.45	0.75	1.06	0.08	0.03
淡竹叶	38.87	8.48	49.34	1.81	1.62	0.22	0.12	0.48	0.78	2.13	0.07	0.03
阔叶山麦冬	55.07	10.53	67.65	9.76	1.30	0.39	0.14	0.53	0.81	15.96	0.10	0.07
苔草	30.24	3.64	21.08	3.79	0.62	0.28	0.14	0.47	0.82	2.77	0.09	0.03

从对以上 4 种林分林下植被对土壤养分的富集系数分析来看，各林分不同的林下植被，其富集系数不同，同一种植物，也因元素不同，其富集系数亦不同。虽然林下植被的富集系数不一，但可以看出这些植物的富集系数有一定的"趋同性"，即在大量元素中，杉木林、樟树林和湿地松林中都是 N 的富集系数最大，K 次之，枫香林中 K 的富集系数最大，N 次之，但 4 种林分都是 Mg 元素的富集系数最低；在微量元素中，Cd 在各林分中的富集系数均为最高，在杉木林、湿地松林和枫香林中 Fe 的富集系数最低，樟树林中 Pb 的富集系数最低。另一方面，对同一元素的富集系数，许多植物表现出相同或相近的特点，这种"趋同性"可能是在一定的自然立地环境下，植物和土壤之间长期相互选择与适应的结果。

11　结论、创新点及研究展望

11.1　结论

(1)4 种不同林分类型在垂直方向的多样性都呈现出相同的特点，4 种林分灌木层的物种数、物种丰富度都是最大的，而乔木层和草本层因林分类型不同而不同。杉木林、樟树林和枫香林的总物种数目都显著高于湿地松林，灌木的物种数目也高于湿地松林分，表现为樟树林 > 杉木林 > 枫香林 > 湿地松林，草本的种类数目在4 种林分中基本没有差异。

4 种林分灌木层的物种丰富度指数变化范围为 2.4045 ~ 4.5124，最大的是枫香林，最小的是湿地松林，与物种数目的变化一致；灌木层的 Shannon – Wiener 多样性指数的排列顺序为：枫香林 > 樟树林 > 湿地松林 > 杉木林，其变化范围为 1.4628 ~ 2.2706；Simpson 多样性指数表现为湿地松 > 樟树林 > 枫香林 > 杉木林，与均匀度指数的排列顺序相同，与生态优势度指数的排列顺序正好相反。

4 种林分草本层的物种丰富度和多样性指数的变化均为樟树林 > 杉木林 > 枫香林 > 湿地松林，且樟树林、杉木林和枫香林三种林分的多样性指数变化较小，Shannon – Wiener 多样性指数均在 1.6 以下；草本层的 Shannon – Wiener 均匀度指数表现为：樟树林 > 杉木林 > 枫香林 > 湿地松林，与多样性指数的顺序一致；Simpson 均匀度指数与 Shannon – Wiener 均匀度指数的排列顺序为：枫香林 > 杉木林 > 樟树林 > 湿地松林；除了樟树林分以外，其他三种林分的生态优势度在 0.3 以上，以湿地松林分表现最为明显，其值为 0.67，表明这些群落草本富集种多，稀疏种少。

(2)4 种林分林下地被物的总生物量差异较为显著，湿地松林的林下地被物总生物量显著大于杉木林、樟树林和枫香林，而后 3 种林分的林下地被物总生物量差异不明显；活地被物生物量以湿地松林为最大，且显著高于枫香林，极显著大于杉木林和樟树林，林下活地被物的生物量均表现为地上部分 > 地下部分，且林下活地被物生物量主要储存在灌木层中；幼树生物量表现为湿地松林显著大于枫香林，极显著大于杉木林和樟树林；灌木层生物量以杉木林为最小，且显著小于另外 3 种林分，其排列顺序为枫香林 > 湿地松林 > 樟树林 > 杉木林；除杉木人工林外，其余 3 种林分草本层生物量所占比例最小，草本层生物量的排列顺序为杉木林>湿地松林>枫香林>樟树林；湿地松林分的枯落物生物量极显著大于其余 3 种林分，另外 3 种林分枯落物生物量没有显著差异，其排列顺序为湿地松林>杉木林>樟树林>枫香林，除杉木人工林外，其他 3 种林分枯落物层生物量的变化趋势均为：H 层 > F 层 > L 层，杉木人工林中 F 层枯落物的生物量为最小；在林下地被物生物量的空间分布中，4 种林分枯落物生物量所占比重均为最大，且表现出针叶林大于阔叶林的规律，其主要原因是阔叶林比针叶林的枯枝落叶更易于分解，更有利于养分对林地土壤的归还。针叶林尤其是湿地松林枯枝落叶层较厚，且生物量较大，这对于保持森林土壤的水分、养分及养分的有效性具有重要意义。

（3）林下植被各种营养元素的含量，主要取决于不同植物类型的遗传学和生物学特性。从不同器官营养元素的含量来看，大量元素 N、P、K、Ca、Mg 在叶中的含量明显高于其他器官；在草本植物中，营养元素含量则随植物器官不同而不同，大量元素含量基本上表现为地上部分 > 地下部分，其排列顺序基本上为 N > K > Ca > Mg > P，微量元素含量在地上部分与地下部分中相差不大，只有 Fe 元素含量地下部分比地上部分多 2 ~ 3 倍；

枯落物中各层次营养元素的含量有一定变化规律，N、P 元素表现为 H 层 > F 层 > L 层，K、Ca、Mg 则正好相反，微量元素都是 H 层 > F 层 > L 层。对于不同林分类型枯落物的营养元素含量差异显著，大量元素含量都是阔叶林高于针叶林，微量元素的含量较为接近，且无明显变化规律。

4 种林分林下活地被物养分积累与分布，与其生物量的大小相对应，湿地松林林下活地被物营养元素的积累量最大，为 170. 13kg/hm²，杉木林其次，为 112. 82kg/hm²，樟树林最小，为 46. 62kg/hm²。但枯落物养分的积累量却并不与其生物量完全一致，4 种林分枯落物生物量的排列顺序为湿地松林 > 杉木林 > 樟树林 > 枫香林，而其枯落物的养分积累量的排列顺序则为湿地松林 > 樟树林 > 杉木林 > 枫香林，说明在枯落物生物量相同的情况下，阔叶林枯落物养分的积累量高于针叶林，也进一步说明阔叶林比针叶林在维持林地肥力方面具有更为积极的作用。

（4）林地的土壤物理、化学性质指标垂直分布规律明显。同一林分内不同土层土壤容重差异不明显，且基本上随土层深度增加而增大；毛管孔隙度、总孔隙度和自然含水率基本上随着土层深度增加而降低；非毛管孔隙度的垂直分布规律不明显。化学性质指标基本上随土层深度增加而减小。土壤酶活性均随土层深度增加而降低，各林地土壤酶活性的大小顺序均为杉木林 > 樟树林 > 湿地松林 > 枫香林。4 种林分 N、P、K 的全量养分含量与速效养分含量之间均呈极显著的正相关，即土壤全量养分的变化，会显著地影响有效养分的供应。各林分土壤中过氧化氢酶、脲酶、磷酸酶、脱氢酶和纤维素酶的活性与土壤 6 种肥力因子均存在极显著或显著的正相关。由此可见，土壤酶活性作为长沙市城乡交错带林地土壤肥力评价指标的可靠性较大。

通过主成分分析法和修正的内梅罗（Nemoro）综合指数法对研究区内 4 种林分土壤的综合肥力进行了评价，两种评价方法得出各林地土壤综合肥力系数大小顺序均为：杉木林 > 湿地松林 > 樟树林 > 枫香林。枫香林、樟树林、湿地松林的土壤肥力水平均属"贫瘠"（ < 0.833）；杉木林的土壤肥力水平为"一般"（$0.833 \leqslant P < 1.667$）。根据修正的内梅罗（Nemoro）综合指数法标准化结果可知，全 N 含量和速效 K 含量是影响研究区土壤综合肥力高低的主要因子。

（5）物种多样性指数与土壤全 P 呈现显著的正相关关系；各样地物种多样性与土壤含水量、有机质之间基本呈正相关关系；与土壤土壤容重、非毛管孔隙度、pH 值、N、K 相关性不显著。物种丰富度指数、Shannon – Winner 多样性指数、Simpson 多样性指数、Shannon 均匀度指数、Simpson 均匀度指数都与全N、全 P、速效 K 线性相关。

4 种林分林下植被生物量（灌木、草本、枯落物、总生物量）与土壤容重、非毛管孔隙度、pH 值相关性不显著；灌木层的生物量与土壤含水量、有机质存在显著的相关关系；草本层的生物量与土壤全 P、速效 P、速效 K 显著相关。枯落物层的生物量与土壤有机质相关性显著，与全 N 呈正相关，相关系数为0.991，达到了极显著水平。

不同林分林下植被的富集系数不同，同一植物的不同元素，其富集系数也不同。在大量元素中，杉木林、樟树林和湿地松林林下植被的富集系数顺序为：N > K > Ca > P > Mg，枫香林中为：K > N > P > Ca > Mg，植被对 N、K 的富集能力最强，需要程度高，4 种林分都是 Mg 元素的富集系数最低；在微量元素中，Cd 在各林分中的富集系数均为最高，在杉木林、湿地松林和枫香林中 Fe 的富集系数最低，樟树林中 Pb 的富集系数最低。另一方面，对同一元素的富集系数，许多植物表现出相同或相近的特点。总体来说，林下植被的富集系数具有一定的"趋同性"。

（6）本研究较为系统地揭示了长沙市城乡交错带典型人工林的物种多样性与生物量、森林生态系统的稳定性、地力维持及可持续性之间的关系，研究结果可为城乡交错带人工林的可持续经营管理、人工林地力维护及物种多样性的恢复和保护、城乡交错带的森林生态恢复及林木定向施肥等方面提供了理论依据，为城乡交错带人工林高生产力、高生态功能与高多样性之间的矛盾提供可靠的解决方案依据，研究成果对于构建城乡交错带人工林的可持续经营技术体系和经营模式、构建城乡一体现代林业生态系统、促进城乡一体生态环境建设和区域社会经济的可持续发展具有重要的理论价值和实践指导意义。

11.2　创新点

（1）首次较为系统地对长沙市城乡交错带湿地松林、杉木林、樟树林和枫香林 4 种典型人工林的林下植被和土壤肥力进行了研究，研究结果可为长沙市城乡交错带森林的可持续经营管理、人工林地力维护及物种多样性的恢复和保护、城乡交错带森林生态的恢复及林木定向施肥等方面提供了重要的基础数据和理论依据。

（2）首次较为全面地研究了 4 种典型人工林林下地被物营养元素的含量、积累和分布规律，揭示了林地土壤养分的变化规律，并对各养分含量指标进行了相关分析，阐明了长沙市城乡交错带森林土壤营养现状及空间分布特点。

（3）首次采用主成分分析法和内梅罗（Nemoro）综合指数法对研究区内 4 种典型人工林土壤综合肥力进行了评价，并比较了两种评价方法的优劣，得出通过修正的内梅罗（Nemoro）综合指数法既能得出各种林地土壤综合肥力系数大小顺序，也能得出各林分土壤肥力水平，为长沙市城乡交错带森林的地力维持和林木定向施肥等方面提供了理论依据。

（4）研究了林下植被的物种多样性、生物量对土壤理化性质和养分的影响规律，探讨了各林下地被物系统和土壤系统的相互关系，从而为物种多样性的保护及森林土壤肥力的保持提供了科学依据。

11.3　讨论与研究展望

国内外学者对林下植被与土壤肥力的研究较少，有待研究解决的问题很多。虽然本文针对长沙市城乡交错带典型人工林的林下植被与土壤肥力两大关键问题，从林下植被物种多样性、林下植被生物量、林下植被养分分布与积累、土壤养分与土壤综合肥力及它们之间的关系进行了较为深入的研究探索，但对于该领域诸多理论与实际问题的解决，这些工作仅仅只是浩大研究问题的开端，还有许多科学问题值得深入研究。本项目的研究有利于推动这一领域的研究发展，但由于时间及数据获取等方面的限制，本文仅对湖南省林科院试验林场内的 4 种人工林进行了研究，在工作中虽然取得了一定的研究成果，但还存在着一些不足之处，在今后的科研工作中，将重点讨论和研究以下几个方面的问题：

（1）林下植被是人工林生态系统的一个重要组成部分。但长期以来，由于对林下植被生长发育、结构、功能、经济价值及其用途等方面未受重视和缺乏深入研究，人们对林下植被在生态系统中的地位和作用的了解和认识则知之甚少。因而在人工林经营过程中，对林下植物的管理带有很大的盲目性，并且往往把林下植被当作影响乔木生长的主要障碍因子和征服对象，使人工林生态系统的结构完整性受到严重破坏，直接影响其功能的正常运作，从而对人工林生态系统的可持续发展构成严重的威胁。因此，有必要对人工林林下植被的结构与生态应用功能加以重新认识和深入研究。

（2）鉴于目前国内外学者对林下植被的研究较少，研究的切入点过于集中，因此，有必要扩大研究的地域范围，增加研究对象，才能进一步揭示林下植被在维护林地地力、生态功能维护、促进生态环境保护与森林可持续发展等方面的作用机理机制，为研究确定林下植被的经营管理技术措施提供可靠的参考依据。

（3）根据土壤综合肥力评价结果，研究区内各林分土壤综合肥力都不高，除杉木林土壤肥力水平一般外，其他林分的土壤综合肥力都属于贫瘠。这是由于杉木林内植被丰富，杂灌草较多，且这些枯落物容易分解，一定程度上增加了土壤的肥力。另外研究区地处于丘陵区，受水土流失的影响，加上亚热带高温多雨，强烈的淋溶作用使得土壤呈强酸性，加剧了土壤养分的淋失，也不利于微生物的活动，对土壤酶活性也有一定的影响。

（4）本文通过主成分分析法得出的结论仅仅能反映各林分类型之间的综合肥力大小顺序，而不能定义各林分土壤肥力水平。而修正的内梅罗（Nemoro）综合指数法选取的指标局限于土壤养分因子和物理性质因子，忽略了土壤酶对土壤养分的产生和积累的重要作用，因此不能全面、科学地对长沙市城乡交错带土壤肥力进行评价。同时利用这两种方法进行肥力评价正好能相互弥补。

（5）土壤肥力评价的方法很多，但是其评价结果的科学性和可靠程度因土壤条件不同会有一定差异，即各种评价方法有一定的适用条件和范围。运用主成分分析法和修正的内梅罗（Nemoro）综合指数法评价长沙市城乡交错带内4种林分的土壤肥力质量，其评价结果与现实表现相符，但是否为最适合的评价方法，尚不能确定。所以，若能用几种方法同时进行分析并比对分析结果，则能筛选出最优方法，结果的科学性更强。

（6）国内外关于土壤质量评价方面的研究，较多的是关于土壤肥力质量的评价，土壤环境质量的评价研究才有学者开始涉足，而对土壤健康质量的评价研究则少之又少。本研究主要考虑了土壤的肥力质量，也而没有考虑土壤的环境质量和健康质量，因此应在以后的研究中完善充实这方面的内容。

（7）根据林下植被与土壤养分关系的分析研究结果，研究区内物种多样性指数与土壤养分因子指标含量多表现为相关不显著，这是一个初步研究的结果，因为本研究中土壤养分的调查时间有限，没有进行定位观测，影响这一结果的主要原因是没有对森林土壤养分和林下植被物种多样性进行长期的定位观测研究。因此，在今后的研究过程中，我们会对林下植被和土壤养分进行较为长期的定位研究、观测，以完善土壤养分与物种多样性关系等方面的研究内容。

(8)长沙市城乡交错带内森林覆盖良好，但林分结构不尽合理，各种林分亟须进行改造，在林分层次上，可利用人工混交林营造技术，即尽量选择能改良土壤和固氮的乡土阔叶树种与各纯林混交。混交方式可以从短期混交（主要为林木提供早期的遮荫）到利用行状混交或者更复杂混交设计的长期混交，以减少土壤酸性和改善养分的供应，并进而改善土壤肥力，促进各林分健康生长，以充分发挥森林的生态效益、经济效益和社会效益。

(9)加强林下植被多样性与土壤微生物的相互关系及其对地力保持的影响的研究；林下植被根系与林木吸收根的相互关系及其对林分生产力的影响研究；物种、优势种、关键种、功能群多样性对人工林生态系统长期生产力的影响。

(10)加强对天然林林下植被的研究。目前我国对林下植被生物量的研究大多集中在人工林，对于林下结构比较复杂的天然林林下植被生物量的研究较少。但往往这类森林林下植被生物量所占的比例较大，在森林不同发育阶段林下层生物量的变化规律也较复杂，加强对这部分森林下木层生物量的研究，对于了解林分生物量与林下层生物量之间的相关关系意义重大。

(11)研究林下植被的生理生态特征对森林的发展演化过程、生态平衡和环境保护等方面的积极和消极作用。明确林下植被的生命活动与林内微环境、乔木层生长发育、营养元素循环、能量流动和生态平衡之间的相关关系。

(12)建立具有良好实验设计和足够支持的城乡交错带典型林分林下植被的定位观测实验站点，开展长期的定位观测研究，才能进一步揭示林下植被的结构与功能及其在维护林地地力、维护生态功能、促进生态环境保护与林分可持续发展等方面的作用机理机制，为林下植被的经营管理技术措施提供可靠的参考依据，进而构建城乡一体现代林业生态系统、促进城乡一体生态环境建设和区域社会经济的可持续发展。

参考文献

［1］刘阳炼．长株潭城市边缘区演化与发展研究［D］．长沙：湖南师范大学，2005，17-26.

［2］钱紫华，陈晓键．城市边缘区研究述评［J］．经济地理，2004（增刊）：181-185.

［3］陈佑启，张建明．城市边缘区土地利用的演变过程与空间布局模式［J］．国外城市规划，1998，（1）：10-16.

［4］陈佑启．试论城乡交错带及其特征与功能［J］．经济地理，1996，16（3）：27-31.

［5］严重敏．试论我国城乡人口划分标准和城市规模等级问题［J］．人口与经济1989，（2）：15-18.

［6］钱紫华，陈晓键．城市边缘区的界定方法研究—以西安为例［J］．中山大学研究生学报，2006，26（1）：54-62.

［7］程连生，赵红英．北京城市边缘带探讨［J］．北京师范大学学报，1995，31（1）：128-129.

［8］方晓．浅议上海城市边缘区的界定［J］．地域研究与开发，1999，18（4）：65-68.

［9］林坚．城乡结合部的地域识别与土地利用研究—以北京中心城地区为例［J］．城市规划，2007，31（8）：36-45.

［10］Izuru Saizen, Kei Mizuno, Shintaro Kobayashi. Effects of land-use master plans in the metropolitan fringe of Japan. Landscape and Urban［J］. Planning 78（2006）411-421.

［11］Susan A H, Jay S K, Thomas C R. Defining Urban and Rural Areas in U. S Epidemiolo-gic Studies. Journal of Urban Health：Bulletin of the New York Academy of Medicine, 2006, 83（2）DOI：10. 1007／s11524-005-9016-3.

［12］James P. LeSage Joni S. Charles. Using home buyers' revealed preferences to define the urban－rural fringe［J］. J Geograph Syst（2008）10：1-21.

［13］Ross Guida. The rural-urban fringe of eau Claire-Chippewa falls. Geog 326, 2008.

［14］Mark R. Montgomery. The Urban Transformation of the developing world. Science

319，761（2008）；DOI：10. 1126/science. 1153012.

[15] Forman R TT. The theoretical functions for understanding boundaries in Landscapesmo-aic[A]. Hansen A J and DicastriF eds. Landscapes Boundaries[C]. New York：Springer Verlag, 1992：236-258.

[16] 刘阳炼. 长株潭城市边缘区演化与发展研究[J]. 湖南师范大学学报，2005.

[17] 马涛，杨凤辉，李博. 城乡交错带—特殊的生态区[J]. 城市环境与城市生态，200417(1)：37-39.

[18] 陈佑启. 新的地域与功能—城乡交错带[J]. 中国农业资源与区划，1996(3)：19-22.

[19] 龚文峰，范文义，祝宁，等. 哈尔滨城郊的景观格局及多样性[J]. 东北林业大学学报2006，34（2）：50-53.

[20] 冯文兰，黄成敏，艾南山. 探讨成都市城乡交错带的景观生态建设[J]. 重庆环境科学，2003，25(11). 84-86.

[21] 张祖群，杨新军. 封闭型廊道游憩空间重建研究—以荆州古城为例[J]. 园林植物，2003(11)：66-68.

[22] 马锐，韩武波，吕春娟. 城乡交错带居民点整理潜力研究—以山西省太原市晋源区为例[J]. 农业工程学报，2005，21：192-194.

[23] 张祖群，杨新军. 封闭型廊道游憩空间重建研究—以荆州古城为例[J]. 园林植物，2003(11)：66-68.

[24] 阳含熙. 植物与植物的指示意义. 植物生态学与地植物学丛刊，1963，1（2）：24-30.

[25] 余雪标. 按树人工林林下植被结构的研究[J]. 热带作物学报，1999，2（1）：66-72.

[26] 姚茂和等. 杉木林林下植被及其生物量的研究[J]. 林业科学，1991，27（6）：644-648.

[27] LahtiT. Understorey vegetation asan indicatorof forestsite potential in southern Finland [J]. Acta Forestalia Fennica, 1995(246)：68.

[28] 何艺玲，傅懋毅. 人工林林下植被的研究现状[J]. 林业科学研究，2002，15(6)：727-733.

[29] 杨玉盛. 杉木林经营模式及可持续利用的研究[D]. 南京：南京林业大学，1997，41-6.

[30] 张笃见，叶晓娅，由文辉. 浙江天童常绿阔叶林地被层的研究[J]. 植物生态学报，1999，23(6)：544-556.

［31］Lahti T. Understory as an indication of forest site potential in southern Finland ［J］. ActaForestFennica, 1996,（246）: 68.

［32］田大伦. 杉木林生态系统定位研究方法［M］. 北京: 科学出版社, 2004, 15, 219-226.

［33］陈民生, 赵京岚, 刘杰, 等. 人工林林下植被研究进展［J］. 山东农业大学学报（自然科学版）, 2008, 39(2): 321-325.

［34］董鸣, 王义凤, 孔繁志, 等. 陆地生物群落调查观测与分析［M］. 北京: 中国标准出版社, 1996, 17, 153-156.

［35］张万儒, 许本彤. 森林土壤定位研究方法［M］. 北京: 中国林业出版社, 1986, 1-45.

［36］中国科学院南京土壤研究所. 土壤理化分析［M］. 上海: 上海科学技术出版社, 1978, 1-135.

［37］中国科学院南京土壤研究所微生物室. 土壤微生物研究法［M］. 北京: 科学出版社, 1985.

［38］杨玉盛, 邱仁辉, 俞新妥, 等. 不同栽杉代数林下植被营养元素的生物循环［J］. 东北林业大学学报, 1999, 27(3): 26-30.

［39］阳含熙. 植物与植物的指示意义［J］. 植物生态学与地植物学丛刊, 1963, 1(2): 24-30.

［40］姚茂和, 盛炜彤, 熊有强. 杉木人工林下植被对立地的指示意义［J］. 林业科学, 1992, 28(3): 208-212.

［41］盛炜彤. 不同密度杉木人工林林下植被发育与演替的定位研究［J］. 林业科学研究, 2001, 14(5): 463-471.

［42］Chapin F S. Nutrogen and phosphorus nutrition and nutrition cycling by evergreen and deciduous understory shrubs in an Alaskan black spruce forests［J］. Can J For Res, 1983, 13(5): 773-781.

［43］张先仪, 邓宗付, 李旭明. 间伐杉木林下植被演替和水土保持影响的研究［A］. 见: 盛炜彤. 人工林地力衰退研究［M］. 北京: 中国科技出版社, 1992, 168-180.

［44］Facell, i J. M. & S. T. A. Pickett. Plant litter: light interception and effects on an old-field plantcommunity［J］. Ecology, 1991, 72: 1024-1031.

［45］Facelli JM. Multiple indirect effects ofplant litter affect the establishmentofwoody seedlings in old fields［J］. Ecology, 1994, 75(6): 1727-1735.

［46］Facell, i J. M. & S. T. A. Pickett. Plant litter: dynamics and effects on plant community structure and dynamics［J］. BotanicalReview, 1991, 57: 1-32.

[47] 张笃见, 叶晓娅, 由文辉. 浙江天童常绿阔叶林地被层的研究[J]. 植物生态学报, 1999, 23(6): 544-556.

[48] 汪永华, 陈北光, 苏志尧. 物种多样性研究进展[J]. 生态科学, 2000, 19(3): 50-54.

[49] 田家怡. 青岛崂山生物多样性及保护利用研究[J]. 2002, 37.

[50] 谢晋阳, 陈灵芝. 暖温带落叶阔叶林的乔木层物种多样性特征[J]. 生态学报, 1994, 14(4): 337-344.

[51] 吴承祯, 洪伟, 陈辉等. 万木林中亚热带常绿阔叶物种多样性研究[J]. 福建林学院学报, 1996, 16(1): 33-37.

[52] 洪伟, 林成来, 吴承祯等. 福建建溪流域常绿阔叶防护林物种多样性特征研究[J]. 生物多样性, 1996, 7(3): 208-213.

[53] 兰思仁. 福建国家森林公园人工群落结构与物种多样性[J]. 福建林学院学报, 2002, 21(1): 38-41.

[54] 褚建民, 卢琦, 崔向慧等. 人工林林下植被多样性研究进展[J]. 世界林业研究, 2007, 20(3): 9-13.

[55] 闫文德, 田大伦, 焦秀梅. 会同第二代杉木人工林林下植被生物量分布及动态[J]. 林业科学研究, 2003, 16(3): 323-327.

[56] 杨玉盛. 杉木林经营模式及可持续利用的研究[D]. 南京: 南京林业大学, 1997, 41-46.

[57] 杨承栋. 发育林下植被是恢复杉木人工林地力的重要途径[J]. 林业科学, 1995, 31(3): 276-283.

[58] 杨承栋. 杉木林下植被对 5-15cm 土壤性质的改良[J]. 林业科学研究, 1995, 8(5): 514-519.

[59] 雷相东, 唐守正. 林分结构多样性指标研究综述[J]. 林业科学, 2002, 38(3): 140-146.

[60] 杨再鸿, 杨小波, 余雪标. 人工林下植被及桉树林生态问题的研究进展[J]. 海南大学学报自然科学版, 2003, 21(3): 278-282.

[61] 盛炜彤, 范少辉. 人工林长期生产力保持机制研究的背景、现状和趋势[J]. 林业科学研究, 2004, 17(1): 106-111.

[62] 沈国舫. 中国林业可持续发展及其关键科学问题[J]. 地球科学进展, 2000, 15(1): 10-18.

[63] Loumeto Joel J and Huttel C. Understorey vegetations in fast-growing tree plantations on savanna soil in Congo[J]. Forest Ecology and Management, 1997. 99: 65-81.

[64] Lahti T. Understorey vegetation as a indication of forest site potential in southern Finland[J]. Acta Forest Fennica, 1995. (246): 68.

[65] Michelsen. A. Comparisons of understorey vegetation and soil fertility in plantations and adjacent natural forest in the Ethiopian highlands[J]. Journal of Applied Ecology, 1996. 33(3): 627-642.

[66] 盛炜彤. 关于杉木林下植被对改良土壤性质效用的研究[J]. 生态学报, 1997, 17(4): 377-385.

[67] Mecomb-WC. Response of understory vegetation to improvement cutting and physiographic site in two mid-south foreststands [J]. Castanea, 1982, 47 (1): 60-77.

[68] Zoysa-ND-de. Diversity of understory vegetation in the Sinharaja rainforest[J]. Sri-Lanka Forest, 1992, 18(3): 121-130.

[69] VermaR K, KapoorK S, RawatR S, et al. Analysis ofplantdiversity in degraded and plantation forests in Kunihar Forest Division of Himachal Pradesh[J]. Indian Journal of Forestry, 2005, 28 (1): 11-16.

[70] Verma R K, KapoorK S, Subramani S P, et al. Evaluation of plantdiversity and soil quality under plantations raised in surfacemined areas[J]. Indian Journal of Forestry, 2004, 27(2): 227-233.

[71] Su Yongzhong, ZhaoHalin. Soil properties and plant species in an age sequence of Caragana microphyllaplantations in the Horqin Sandy Land, north China[J]. Ecological Engineering, 2003, 20(3): 223-235.

[72] HuntS L, GordonAM, MorrisDM, et al. Understory vegetation in northern Ontario jack pine and black spruce plantations: 20 years successional changes[J]. Canadian Journal of Forest Research, 2003, 33: 1791-1803.

[73] B V Ramovs, M R Roberts. Understory vegetation and enviroment responses to tillage forestharvesting, and conifer plantation development[J]. EcologicalApplications, 2003, 13(6): 1682-1700.

[74] BobiecA. The mosaic diversity of field layer vegetation in the natural and exploited forests of Bialowieza[J]. PlantEcology, 1998, 136: 175-187.

[75] QianH, K Klinka, B Sivak. Diversity of the understory vascular vegetation in 40-year-old and old growth forest stands on Vancouver Island, British Columbia [J]. Journal of Vegetation Science, 1997, 8: 773-780.

[76] 朱锦懋, 江训强, 黄儒珠, 等. 毛竹林物种多样性的初步分析[J]. 福建林学院学报, 1996, 16(1): 5-8.

[77] 庄雪影，邱美玲. 香港三种人工林下植物多样性的调查[J]. 热带亚热带植物学报，1998，6(3)：196-202.

[78] 李新荣，张景光，刘立超，等. 我国干旱沙漠人工地区人工植被与环境演变过程中植物多样性的研究[J]. 生态学报，2000，24(3)：257-261.

[79] 太立坤，余雪标，等. 三种类型森林林下植物多样性及生物量比较[J]. 生态环境学报，2009，18(1)：229-234.

[80] 沈家芬，田大伦. 杉木人工林群落学过程中物种多样性变化趋势[J]. 林业科学，1997，33(2)：110-115.

[81] 朱元恩，姚冬梅，陈芳清. 宜昌市郊不同龄级柏木人工林下植物组成与多样性变化[J]. 广西植物，2007，27(4)：604-609.

[82] 秦新生，刘苑秋，邢福武. 低丘人工林林下植被物种多样性初步研究[J]. 热带亚热带植物学报，2003，(3)：27-32.

[83] 余雪标，钟罗生，杨伟东，等. 桉树人工林林下植被结构的研究[J]. 热带作物学报，1999，2(1)：66-72.

[84] 冯宗炜，王效科，吴刚. 中国森林生态系统的生物量和生产力[M]. 北京：科学出版社，1999.

[85] Ebermeyr, E. Die gesamte Lehre der Waldstreu mit Rucksicht auf die chemische statik desWaldbaues [M]. Belin：J. Springer. 187-216.

[86] Boysen Jensen P. Studier over skovtraernes for hold tillyset Tidsskr [J]. 1F1Skorvaessen. 1910，22：11-16.

[87] Burger H. Holz, Blattmenge, Zuwachs. l2 Fichten im Plenterwald Mitteil, Schweiz, Anst. Forttl. [J]. Versuchsw，1952，28：109-156.

[88] Kitterge，J. Estimation of amount of foliage of trees and shrubs[J]. J. Forest，1944，42：905-912.

[89] 潘维俦，李利村，高正衡. 2 个不同地域类型杉木林的生物产量和营养元素分布[J]. 中南林业科技，1979(4)：12-14.

[90] 冯宗炜，陈楚莹，张家武. 湖南会同地区马尾松林生物量的测定[J]. 林业科学，1982，18(2)：127-134.

[91] 李文华，邓坤枚，李飞. 长白山主要生态系统生物量生产量的研究[J]. 森林生态系统研究(试刊)，1981，(1)：34-50.

[92] 刘世荣. 兴安落叶松人工林群落生物量及净初级生产力的研究[J]. 东北林业大学学报，1990，18(2)：40-6.

[93] 陈灵芝，任继凯，鲍显诚. 北京西山人工油松林群落学特征及生物量的研究[J]. 植物生态学与地植物学报，1984，8(3)：173-181.

［94］N. Nadezhdina， F. Tatarinov， R. Ceulemans， Leaf area and biomass of Rhodo-dendron understory in a stand of Scots pine［J］. Forest Ecology and Management， 1987， （2004）：235-246.

［95］李武斌. 崛江上游大沟流域主要植被生物量组成及影响因子研究［D］. 重庆：西南大学，2007，4-6.

［96］薛立，杨鹏. 森林生物量研究综述［J］. 福建林学院报，2004，24（3）：283-288.

［97］罗辑，杨忠，杨清伟. 贡嘎山森林生物量和生产力的研究［J］. 植物生态学报，2002，4（2）：191-196.

［98］孙儒泳，李博，诸葛阳，等. 普通生态学［M］. 高等教育出版社，1993，211-212.

［99］杨昆，管东生. 林下植被的生物量分布特征及其作用［J］. 生态学杂志，2006，25（10）：1252-1256.

［100］朱元恩，姚冬梅. 宜昌市郊柏木人工林林下植被发育及生物量研究［J］. 林业资源管理，2007，（2）：53-56.

［101］张炜平，黄聚聪，李熙波. 杉木林林下植被生物量影响因素［J］. 福建林业科技，2007，24（3）：97-98.

［102］杨再鸿，杨小波，李跃烈，等. 海南岛桉树林林下植被物种组成及生物量［J］. 东北林业大学学报，2008，36（5）：25-27.

［103］吴鹏飞，朱波. 桤柏混交林林下植被结构及生物量动态［J］. 水土保持通报，28（3）：44-48.

［104］张昌顺，李昆. 人工林养分循环研究现状与进展［J］. 世界林业研究，18（4）：35-3.

［105］Ebermayer E. Die Qesamte Lehre der Woldstreu mit Rucksicht auf die Che-mische Static des Woldbaues. Berlin：Julius Spriuger，1876. 116.

［106］Bazilevich N T， L E Rodin. Geographical regularities in productivity and the circulation of chemical elements in the eath′s main vegetation types. Am Geogr soc，New York，19.

［107］Cole D W， et al. Distribution and cycling of nitrogen， phosphorus， potassium and Calcium in a second-growth Douglas fir ecosystem， In symposium on prima-ry production and Ménoral cycling in Natural ecosystem， Univ of Marne Press， 1967，197～232.

［108］Bormann F H， G E Likens. Pattern and Process in a Forest E-cosystem. Springer-Verlas， New york， 1979.

[109]张鼎华. 人工林地力的衰退与维护[M]. 北京：中国林业出版社，2001，96-97.

[110]J R 金明仕著(文剑平等译). 森林生态学[M]. 北京：中国林业出版社，1992，91-94.

[111]Harmon M E，et al. Coarse woody debris in mixed coniferous forest，sequoia National park，California. Can J For Res，1987，17：1265-1272.

[112]侯学煜. 中国 150 种植物化学成分及其分析方法[M]. 北京：高等教育出版社，1959.

[113]潘维俦. 杉木人工林养分循环的研究 Ⅱ. 丘陵区速生杉木林的养分含量、积累和养分循环的研究[J]. 生态学杂志，1988，7(4)：7-13.

[114]汪思龙，廖利平，马越强. 杉木火力楠混交林养分归还与生产力[J]. 应用生态学报，1997，8(4)：347-352.

[115]王战. 湖南银杉的生物量和营养元素含量[J]. 生态学报，1982，4(1)：7-11.

[116]潘维俦，田大伦，李利村，等. 杉木人工林养分循环的研究 Ⅰ 不同生育阶段杉木林的产量结构和养分动态[J]. 中南林学院学报，1981，(1).

[117]陈楚莹. 杉木火力楠混交林生态系统中营养元素的积累分配和循环的研究[J]. 生态学杂志，1988，7(4)：7-13.

[118]廖利平. 对杉木、火力楠纯林及其混交林细根分布、分解与养分归还[J]. 生态学报，1999，19(3)：342-346.

[119]侯学煜. 中国植被地理及优势植物化学组成[M]. 北京：科学出版社，1982.

[120]王淑元. 我国森林生态定位研究的进展[J]. 世界林业研究，1985，(4)：32-38.

[121]赵奇国，孙波. 土壤质量与持续环境的定义与评价方法[J]. 土壤，1997，29(3)：113-120.

[122]熊东红，贺秀斌，周红艺. 土壤质量评价研究进展[J]. 世界科技研究与发展，2005.

[123]曹志洪. 解译土壤质量演变规律，确保土壤资源持续利用[J]. 世界科技研究与进展，2001，23(2)：28-32.

[124]吴祥云，刘广，韩辉. 不同类型樟子松人工固沙林土壤质量的研究[J]. 防护林科技，2001.

[125]赵荣钦，秦周明，黄爱民. 耕地土壤碳固存的措施与潜力[J]. 生态环境，2004，13(1)：81-84.

［126］吕晓男，孟赐福，麻万诸等．土壤质量及其演变［J］．浙江农业学报，2004．

［127］孙波．土壤质量与持续环境 III．土壤质量评价的生物学指标［J］．土壤，1997，（5）225-234．

［128］Brejda J J，Karlen D L，Smith JL. Identification of regional soil quality factors and indicators：II. Northern Mississippi Loess Hills and Palouse Prairie［J］. Soil Science Society of America Journal，2000，Vol. 64，No. 6：2125-2135．

［129］Soil Quality Management and a Groeco System Health，P Roeeeding of 14th Intemational Conference，East and Southeast Asia Federation of Soil Seience Societies［M］. Cheju：Republic of Korea，1997．

［130］Blum. W. E. H. and Santelies. A. concept of sustainability and resilience based on soil Funetions，In Greenland D［M］. T（ends）soil resilience and sustainable land Use CAB international walling ford，UK. 1994，535-542．

［131］Doran，J. W. Parkin，T. B. Defining and assessing soil quality，In：Doran，J. W，et al. Defining Soil Quality for a Sustainable Environment［J］. SSSA Spce. Publ. 35. ASA，Madison，Wl，PP. 1994，3-21．

［132］Shestak. C J，Busse，M D. Compaction alters physical but not biological indices of soil health［J］. Soil Science Society of America Journal，2005，Vol. 69（No. 1）：236-346．

［133］Krzic M，Broersma K，Newman RF. Soil quality of harvested and grazed forest cutblocks in Southern BritishColumbia［J］. Journal of Soil and Water Conservation，2001，Vol. 56，No. 3，192-197．

［134］Hajabbasi M A，Jalaliant A，Karimzdadeh H R. Deforestation effects on soil physical and chemical properties，Lordegan，Iran［J］. Plant and Soil，1997，190：301-307．

［135］Cambardella C，Elliott E. Particulate soil organic mater changes across a grassland cultivation sequence［J］. Soil Science Society ofAmerica Journal，1992，56：777-783．

［136］Saviozzi A，Levi-Minzi，Cardelli R，et al. A comparison of soil quality in adjacent cultivated，forest and native grassland soil［J］. Plant and soil，2001，233：251-259．

［137］Uos S D，Meirvenne M V，Quataert P，et al. Predictive quality of pedotransfer functions for estimating bulk density of forest soils［J］. Soil science society of America Journal，2005，69（2）：500-510．

[138] Wang X J, Gong Z T. Assessment and analysis of soil quality changes after eleven years of reclamation in sub-tropical China [J]. Geoderma. 1998, 81: 339-355.

[139] de la Horra AM, Conti ME, Palma RM. -glucosidase and proteases activities as affect by long-term management practice in a Typic Aigiudoll soil [J]. Communication in Soil Science and Plant Analysis, 2003, 34(17): 2395-2404.

[140] Parisi V, Menta C, Gardi C. Microarthropod communities as a tool to assess soil quality and biodiversity: a new approach in Italy [J]. Agriculture, Ecosystems and Environment, 2005, 105 (1): 323-333.

[141] Minder J, Stein A. The Solubility of Aluminum in acidic forest soils: long term changes due to acid deposition [J]. Geochimica et Cosmochimica Acta, 1994, 58: 85-94.

[142] Nael M, Khademi H, Hajabbasi M. A. Response of soil quality indicators and their spatial variability to land degradation in central Iran [J]. Applied Soil Ecology, 2004, 27: 221-232.

[143] Ndiaye E L, Sandeno J M, Mcgrath D, et al. Integrative biological indicators for detecting change in soil quality [J]. American Journal of Alternative Agriculture, 2000, 15: 26-36.

[144] Harding K J, et al. Basic density and their wood property Investigation at Dongmen44 [M]. Paper for Internation Eucalypt Symposium. Zhangyiang, China. 20-30 November, 1990.

[145] Phillips F H. The pulping and papermaking potential of Young Plant-Ation-Grown Eucalypts form Dongmen [M]. China, Paper for Internation Eucalypt Symposium Zhangyiang, China, 20-30 November, 1990.

[146] Elliott E T, et al. In Ed by Doran J W. Defining Soil Quality for a Sustainable Environment [J]. SoilSci. Soc. ofAm, Inc. Madison, Wisconsin, USA, 1994, 179-191.

[147] Parisi V, Menta C, Gardi C. Microarthropod communities as a tool to assess soil quality and biodiversity: a new approach in Italy [J]. Agriculture, Ecosystems and Environment, 2005, 105(1): 323-333.

[148] Pierzynski G M, Sims J T, Vance G F. Soil and environment quality [M]. Lewis, Boca Raton, 1994.

[149] Preston A S. Forest health: coming to terms [D]. University of Montana, 2001.

[150] Rapport D J. Defining ecosystem health [M]. Rapport D J, Costanza R, Ep-

stein E R，et al. Ecosystem Health. Malden：Blackwell science，1998.

[151]Romig D E，Garlynd M J，Harris R F，et al. How farmers assess soil health and quality[J]. Journal of Soil and Water Conservation，1995，50：229-236.

[152]吴长文，王礼先．林地土壤孔隙的贮水性能分析[J]．水土保持研究，1995，2(1)：77-79.

[153]曾思齐，佘济云，肖育檀．马尾水土保持林水土功能计量研究[J]．中南林学院学报，1996，16(3)：22-25.

[154]刘多森．关于土壤孔隙度测定的商榷[J]．土壤通报，2004，35(2)：152.

[155]彭达，张红爱，杨加志．广东省林地土壤非毛管孔隙度分布规律初探[J]．广东林业科技，2006，22(1)：56-59.

[156]杜娟，赵景波．西安地区不同植被下土壤含水量及水分恢复研究[J]．水土保持学报 2006，20(6)：58-59.

[157]汤勇华．闽东山地火力楠人工林生长特性及其对土壤肥力的影响[J]．青海农林科技，2006(2)：79-81.

[151]黄辉，檀满枝，张学雷，等．南通市城市边缘带土壤肥力时空特征分析[J]．土壤，2006，38(3)：276-281.

[158]秦周明，赵杰．城乡结合部土壤质量变化特点与可持续利用对策-以开封市为例[J]．地理学报，2000，55(5)：11-26.

[159]张学雷，张甘霖，龚子同．SOTER 据库支持下的土壤质量综合评价-以海南岛为例[J]．山地学报，2001，19(4)：377-80.

[160]孙波，赵其国．红壤退化中的土壤质量评价指标及评价方法[J]．地理科学进展，1999，18(2)：118-128.

[161]李阳兵，邵景安，魏朝富，等．岩溶山区不同土地利用方式下土壤质量指标响应[J]．生态与农村环境学报，2007，23(1)：12-15.

[162]宋波，陈同斌，郑袁明，等．北京市菜地土壤和蔬菜锡含量及其健康风险分析[J]．环境科学学报，2006，26(8)：1343-1353.

[163]郭平，谢忠雷，李军，等．长春市土壤重金属污染特征及其潜在生态风险评价[J]．地理科学，2005，25(1)：18-22.

[164]易志军，吴晓芙，胡曰利．人工林地土壤质量指标及评价[J]．林业资源管理，2002，8(4)：31-34.

[165]俞慎，李勇，王俊华．土壤微生物生物量作为红壤质量生物指标的探讨[J]．土壤学报，1999，36(3)：413-422.

[166]黄宇，汪思龙，冯宗炜，等．不同人工林生态系统林地土壤质量评价[J]．应用生态学报，2004，15(12)：2199-2205.

[167]郑华,欧阳志云,王效科. 不同森林恢复类型对南方红壤侵蚀区土壤质量的影响[J]. 生态学报, 2004, 24(9): 1994-2002.

[168]张庆费,宋永昌,吴化前,等. 浙江天章常绿阔叶林演替过程凋落物数量及分解动态[J]. 植物生态学报, 1999, 23(3): 250-255.

[169]王艳,王金达,张学林,等. 沈阳市城乡结合部土壤铅的空间分异特征分析[J]. 中国科学院研究生院学报, 2004, 21(4): 45-50.

[170]王金达,王艳,任慧敏,等. 沈阳市城乡结合部土壤一作物系统铅含量水平及其影响因素分析[J]. 农业环境科学学报, 2005, 24(2): 261-265.

[171]http://www. changsha. gov. cn/zwxx/csgk/zrzy/, 2009, 长沙市人民政府.

[172] http://www. changsha. gov. cn/lyj/fsdfsdas/200710/t20071022_21321. html, 2007, 长沙市林业局.

[173]鲍士旦. 土壤农化分析[M]. 北京: 中国农业出版社, 2000.

[174]鲁如坤. 土壤农业化学分析方法[M]. 北京: 中国农业科技出版社, 1999.

[175]周礼恺. 土壤酶活性的测定[M]. 北京: 科学出版社, 1987.

[176]关松荫. 土壤酶及其研究法[M]. 北京: 农业出版社, 1986.

[177]何同康. 土壤(土地)资源评价的主要方法及其特点比较[J]. 土壤学进展, 1983, 11(6): 1-12.

[178]严昶升. 土壤肥力研究方法[M]. 北京: 农业出版社, 1988: 11-27.

[179]吕晓男,陆允甫,王人潮. 土壤肥力综合评价初步研究[J]. 浙江大学学报(农业与生命科学版), 1999, 25(4): 378-282.

[180]Margalef R. Information theory in ecology[J]. General Systematics, 1958, 3: 36-43.

[181]Menhinick E. F. A comparison of some species individuals diversity indices applied to samples of field insects. Ecology, 1964, 45(4): 859-861.

[182]Pielou E. C. Ecological Diversity. New York: John Wiley & Sons, 1975.

[183]Simpson E. H. Measurement of diversity[J]. Nature, 1949, 163: 688.

[184]杨学军,姜志林,等. 苏南主要森林类型的生物多样性调查与比较研究[J]. 生态学杂志, 1998, 17(6): 14-17.

[185]贺金生,陈伟烈,江明喜,等. 三峡地区退化生态系统植物群落多样性特征[J]. 生态学报, 1998, 18(4).

[186]黄健辉,等. 北京百花山附近杂灌丛的化学元素含量特征[J]. 植物生态学与地植物学学报, 1991, 15(3): 224-232.

[187]田大伦,刘煊章,康文星,方海波. 第二代杉木林林下地被物生物量和养

分积累的定位研究 Ⅱ 地被物营养元素的积累与分布[J]．林业科学，1997，11(33)：26-34.

[188]俞益武，吴家森，姜培坤，吴小红．湖州市不同森林植被枯落物营养元素分析[J]．浙江林学院学报，2002，19(2)：153-156.

[189]梁宏温，黄承标，胡孙彪．广西宜山县不同林型人工林凋落物与土壤肥力的研究[J]．生态学报，1993，13(3)：235-241.

[190]郑华，欧阳志云，王效科，等．不同森林恢复类型对南方红壤侵蚀区土壤质量的影响[J]．生态学报，2004，24(9)：1994-2002.

[191]黄宇，汪思龙，冯宗炜，等．不同人工林生态系统林地土壤质量评价[J]．应用生态学报，2004，15(12)：2199-2205.

[192]http://jwc.bjfu.edu.cn/jpkch/tr/trkj/pages/diwz3.htm.

[193]吴长文，王礼先．林地土壤孔隙的贮水性能分析[J]．水土保持研究，1995，2(1)：77-79.

[194]孙波，张桃林，赵其国．我国中亚热带缓丘区红粘土红壤肥力的演化 Ⅱ 化学和生物学肥力的演化[J]．土壤学报，1999，36(2)：203-206.

[195]孙波，赵其国，闾国年．低丘红壤肥力的时空变异[J]．土壤学报，2002，39(2)：190-198.

[196]苏波，韩兴国，渠春梅，等．森林土壤氮素可利用性的影响因素研究综述[J]．生态学杂志，2002，21(2)：40-46.

[197]杨万勤，韩玉萍，钟章成．缙云山森林土壤速效氮的分布特征及其与物种多样性的关系研究[J]．乐山师专学报(自然科学版)，1998，(1)：40-41.

[198]陈立新，杨承栋．落叶松人工林土壤磷形态、磷酸酶活性演变与林木生长关系的研究[J]．林业科学，2004，40(3)：11-18.

[199]向师庆，戴伟．生态岩类森林土壤矿物质的养分释放初步研究(Ⅰ)——长石质森林土壤矿物质的钾素释放[J]．1994，16(2)：26-33.

[200]曹慧，孙辉，杨浩，等．土壤酶活性及其对土壤质量的指示研究进展[J]．应用与环境生物学报，2003，9(1)：105-109.

[201]杨万勤，王开运．森林土壤酶的研究进展[J]．林业科学，2004，40(2)：152-159.

[202]张鼎华，陈由强．森林土壤酶与土壤肥力[J]．林业科技通讯，1985，(3)：1-3.

[203]陈华癸，樊庆笙．微生物学[M]．北京：农业出版社，1980.

[204]肖慈英，阮宏华，屠六邦．宁镇山区不同森林土壤生物学特性的研究[J]．应用生态学报，2002，13(9)：1077-1081.

[205]徐晶，陈婉华，孙瑞莲，等．不同施肥处理对湖南红壤中微生物数量及酶活性的影响[J]．土壤肥料，2003，(5)：8-11.

[206]李勇．试论土壤酶活性与土壤肥力[J]．土壤通报，1989，20(4)：190-192.

[207]鲍士旦．土壤农化分析[M]．北京：中国农业出版社，2000.

[208]杨承栋，等．江西大岗山东侧森林土壤性质与肥力的关系[J]．林业科学研究，1993，6(5)：504-509.

[209]杨玉盛，何宗明，邹双全，等．格氏栲天然林与人工林根际土壤微生物及其生化特性的研究[J]．生态学报，1998，18(2)：198-202.

[210]熊谱成．饲用酶制剂的应用[J]．饲料与畜牧，1996，1(22)：19-20.

[211]张国立．纤维纱复合酶半干贮添加剂新技术及其应用前景[J]．辽宁畜牧兽医，1996，4(4)：14-16.

[212]阙文杰，吴启堂．一个定量综合评价土壤肥力的方法初探[J]．土壤通报，1994，25(6)；245-247.

[213]曾曙才，廖业佳，叶金盛．深圳郊野公园土壤理化性质及肥力评价[J]．土壤科学与资源可持续利用[A]．见：李保国、张福锁主编．中国土壤学会第十一届全国会员代表大会暨第七届海峡两岸土壤肥料学术交流研讨会论文集[C]．2008.

[214]全国土壤普查办公室．中国土壤[M]．北京：中国农业出版社，1998.

[215]李清华，邓淑华．大庆采油四厂绿化园地和晨曦林地土壤肥力状况分析[J]．农林科技，2008：145.

[216]孙波，张桃林，赵其国．我国东南丘陵山区土壤肥力的综合评价[J]．土壤学报，1995，32(4)：362-369.

[217]耿玉清．北京八达岭地区森林土壤理化特征及健康指数的研究[D]．北京：北京林业大学研究生处，2006.

[218]张文晖．城乡结合部土壤质量评价-以重庆歇马镇为例[D]．重庆：西南大学，2008.

[219]王刚．杉木人工林土壤肥力指标及其评价[D]．南京：南京林业大学，2008.

[220]胡亚利．杉木人工林土壤养分动态变化规律研究[D]．北京：北京林业大学研究生处，2007.

[221]邓利．杉木、马尾松人工林土壤肥力质量指标与评价[D]．南京：南京林业大学，2008.

[222]曲国辉，郭继勋．松嫩平原不同演替阶段植物群落和土壤特性的关系

[J]. 草叶学报，2003，12(1)：18-22.

[223]安树青，王峥峰，朱学雷，等. 土壤因子对次生森林群落物种多样性的影响[J]. 武汉植物学研究，1997，15(2)：143-150.

[224]汪殿蓓，暨淑仪，陈飞鹏. 植物群落物种多样性研究综述[J]. 生态学杂志，2001，20(4)：55-60.

[225]胡小平，王长发. SAS 基础及统计实例教程[M]. 西安：西安地图出版社，2001.

[226]Zhou L-X(周丽霞)，Ding M-M(丁明懋). Soil microbial characteristics as bioindicators of soil health. Biodiversity Science(生物多样性)，2007，Is(2)：162-171.

[227]方海波，田大伦，康文星. 杉木人工林间伐后林下植被养分动态的研究 I. 林下植被营养元素含量特点与积累动态[J]. 中南林学院学报，1998，18(2)：1-5.

[228]田大伦，刘煊章，康文星，等. 第二代杉木林林下地被物生物量和养分积累的定位研究 II. 地被物营养元素的积累与分布[J]. 林业科学，1997，33(sp. 2)：26-35.

[229]Salt E D，Blaylock M B，Kumar N P B A. Phytoremediation：a novel strategy for the removal if toxic metals from the environment using plants. Biotechnology，1995，13：468-474.

[230]魏树和，周启星. 重金属污染土壤植物修复基本原理及强化措施探讨[J]. 生态学杂志，2004，23(1)：65-72.

[231]马涛，杨凤辉，李博，陈家宽. 城乡交错带—特殊的生态区[J]. 城市环境与城市生态，2004，17(1)：37-38.

[232]许新国. 城乡交错带空间边界界定方法研究—以北京市为例[D]. 北京：中国农业科学院研究生院，2010.

[233]万利. 城乡交错带土地利用变化的生态环境影响研究[D]. 北京：中国农业科学院研究生院，2009.

[234]成功. 城乡交错带土地利用变化机制及其优化配置研究—以山西侯马市为例[D]. 北京：中国农业大学，2004.

[235]王晓阳. 基于城乡统筹的城乡交错带空间整合研究[D]. 郑州：郑州大学，2010.

[236]陈佑启；佘国强. 新的地域与功能——城乡交错带[J]. 中国农业资源与区划.

[237]何艺玲. 同类型毛竹林林下植被的发育状况及其与土壤养分关系的研究[D]. 北京：中国林业科学研究院，2000.

[238]陈国荣. 闽南山地相思人工林生物量及生产力分析[D]. 福州：福建农林大学，2007.

[239]陈民生，赵京岚，刘杰等. 人工林林下植被研究进展[J]. 山东农业大学学报（自然科学版），2008，39（2）：321-325.

[240]何艺玲，傅懋毅. 人工林林下植被的研究现状[J]. 林业科学研究，2002，15（6）：727-733.

[241]褚建民，卢琦，崔向慧等. 人工林林下植被多样性研究进展[J]. 世界林业研究，2007，20（3）：9-13.

[242]杨昆，管东生. 林下植被的生物量分布特征及其作用[J]. 生态学志，2006，25（10）：1252-1256.

[243]李宝年，杨胜涛，尹小康等. 人工林林下植被对林地土壤质量的影响[J]. 防护林科技. 2010，96（3）：89-90.

[244]李帅英，吴增志，李保会. 物种多样性研究进展[J]. 河北林果研究. 2002，17（1）：72-79.

[245]李帅英. 大窝铺油松林山杨林林分密度与林下植物多样性研究[D]. 保定：河北农业大学，2002.

[246]郭建英. 多伦县植物多样性及植被人工修复效果的研究[D]. 呼和浩特：内蒙古农业大学，2007.

[247]赵一鹤. 巨尾按工业原料林群落结构与林下植物物种多样性研究[D]. 北京：内中国林业科学研究院，2008.

[248]温远光. 连栽按树人工林植物多样性与生态系统功能关系的长期实验研究[D]. 成都：四川大学，2006.

[249]刘澄. 林分密度对华北落叶松人工林林木生长及林下植物多样性影响的研究[D]. 保定：河北农业大学，2008.

[250]黄雯敏. 毛竹林下植物沿海拔梯度的多样性及其分布格局[D]. 福州：福建农林大学，2009.

[251]于景金. 塞罕坝华北落叶松人工林下植物多样性研究[D]. 保定：河北农业大学，2009.

[252]万云. 枞阳大山不同演替阶段林下植被生物量分配格局研究[D]. 合肥：安徽农业大学，2010.

[253]张胜伟. 巨尾按工业原料林生物量研究[D]. 昆明：昆明理工大学，2008.

[254]刘凤娇，孙玉军．林下植被生物量研究进展[J]．世界林业研究，2011，24(2)：53-54

[255]陈国荣．闽南山地相思人工林生物量及生产力分析[D]．福州：福建农林大学，2007.

[256]巨文珍，农胜奇．森林生物量研究进展[J]．西南林业大学学报，2011，31(2)：78-83，89.

[257]马炜，孙玉军．我国的森林生物量研究[J]．世界林业研究，2009，22(5)：71-76.

[258]陈明月．不同类型城市森林养分含量及土壤肥力的研究[D]．哈尔滨：东北林业大学，2010.

[259]覃世赢．厚荚相思人工幼林生物量与生产力和养分循环的研究[D]．南宁：广西大学，2006.

[260]张昌顺，李昆．人工林养分循环研究现状与进展[J]．世界林业研究，2005，18(4)：36-38.

[261]何鑫．成都平原土壤肥力综合评价与空间变异研究[D]．成都：四川农业大学，2005.

[262]苟曦．川中丘陵区土壤肥力特征研究[D]．成都：四川农业大学，2007.

[263]张国宏．恭城生态产业园区土壤肥力评价及不同施肥模式研究[D]．南宁：广西大学，2006.

[264]刘芸．名山河流域土壤肥力评价研究[D]．成都：四川农业大学，2009.

[265]王刚．杉木人工林土壤肥力指标及其评价[D]．南京：南京林业大学，2008.

[266]翟辉．湘西不同植被对土壤肥力质量的效应研究[D]．长沙：湖南农业大学，2010.

[267]李东海，杨小波等．桉树人工林林下植被、地面覆盖物与土壤物理性质的关系[J]．生态学杂志，2006，25(6)：607-611.

[268]俞元春．林下植被对杉林土壤微量元素状况的影响[J]．南京林业大学学报，1998，22(2)：75-78.

[269]吕明．密度与立地异质空间条件下楠木人工林生物量与养分研究[D]．福州：福建农林大学，2006.

[270]邓利．杉木、马尾松人工林土壤肥力质量指标与评价[D]．南京：南京林业大学，2008.